십 대를 위한 기후 수업,
나는 풍요로웠고 지구는 달라졌다

십 대를 위한 기후 수업,
나는 풍요로웠고 지구는 달라졌다

1판 1쇄 발행 2024. 10. 7.
1판 2쇄 발행 2024. 10. 8.

지은이 호프 자런
옮긴이 김은령
그린이 애슝

발행인 박강휘
편집 임솜이 디자인 유상현 마케팅 고은미 홍보 강원모
발행처 김영사
등록 1979년 5월 17일(제406-2003-036호)
주소 경기도 파주시 문발로 197(문발동) 우편번호 10881
전화 마케팅부 031)955-3100, 편집부 031)955-3200 팩스 031)955-3111

값은 뒤표지에 있습니다.
ISBN 978-89-349-4629-8 43450

홈페이지 www.gimmyoung.com 블로그 blog.naver.com/gybook
인스타그램 instagram.com/gimmyoung 이메일 bestbook@gimmyoung.com

좋은 독자가 좋은 책을 만듭니다.
김영사는 독자 여러분의 의견에 항상 귀 기울이고 있습니다.

십 대를 위한 기후 수업

나는
풍요로웠고
지구는
달라졌다

호프 자런

김은령 옮김
애슝 그림

김영사

"호프 자런은 과학이 기다려 왔던 목소리다."

〈네이처〉

"반경 10광년 내에서 생명이 존재하는 유일한 행성일 지구와 인류 간의, 생사를 건 투쟁에 관한 최고의 설명. 멋지게 시니컬하고 술술 읽힌다."

에드워드 윌슨

"우리는 어떻게 유한한 지구에서 사는 방법을 배울 수 있을까? 이 책에서 호프 자런은 지금 가장 중요한 질문을 던진다. 유용하고 사려 깊으며, 무엇보다 지금 꼭 필요한 책이다."

엘리자베스 콜버트, 《여섯 번째 대멸종》 저자

"팩트로 독자를 난타하며 죄의식을 일으키는 최근의 기

후 책들과는 사뭇 다르다. 호프 자런은 빙판 위에서 스케이트 날이, 속삭이듯 얼음조각을 일으키며 흔적을 남기는 것처럼 섬세하게 글을 쓴다."

〈뉴욕 타임스 북 리뷰〉

"호프 자런은 글쓰기, 소통, 자연과 과학에 대한 열정을 예술적으로 엮어 낸다. 비범한 작가다."

악셀 팀머만, IBS 기후물리연구단장

"지구와 더불어 사는 우리는 지구와 한 가족이지만 한 번도 가족처럼 따뜻하게 지구의 안녕을 물어본 적이 없다. 우리는 그동안 풍요롭게 식량과 에너지를 지구로부터 얻었으며 지구는 그저 말없이 모든 것을 제공해 왔다. 그러나 지구는 과연 안녕할까? 우리는 이 책을 통해 지구의 형편을 비로소 세세하게 들여다볼 수 있게 되었다. 이 책의 커다란 장점은 관측과 실험으로 얻어진 신뢰할 만한 자료를 토대로 검증된 내용에 기초하고 있다는 것이다. 그러니 기후 연구자들 중에 여기에서 다루는 내용을 부정하는 이들은 거의 없을 것이라 본다. 또 호프 자런은 과학적인 현상을 자신의 경험과 결합하여

문학적으로 서술하고 있어, 독자들은 책을 읽으며 지구와 정서적으로 가까워지는 느낌을 받을 것이다. 지금의 어른들보다 더 오랜 시간 지구와 관계를 맺을 어린이와 청소년 독자들에게 강력히 권한다. 지구는 무엇을 이야기하고 있는가. 귀 기울여 듣고, 그에 응답할 때다."

하경자, 부산대 지구환경과학과 교수, 전 한국기상학회장

"우리는 풍요로웠으나 지금처럼 산다면 앞으로는 결코 풍요로울 수 없을 것이다. 지구가 달라졌기 때문이다. 호프 자런은 이미 일어난 일에 대해 말한다. 지난 50년간 우리가 먹고 싸고 일하고 에너지를 소모해 온 방식에 관한 이야기다. 무지막지하게 탐욕적인 방식이었던 탓에 겨우 50년 만에 지구 환경은 크게 달라졌다. 한편 세계적인 불평등의 지형은 크게 달라지지 않았다. 어떤 이들이 너무 많이 누리고 버리는 동안 어떤 이들은 여전히 절망적인 빈곤 상태에 있으며, 동물들은 대규모로 학살되고 식물들의 개체수가 줄고 지구는 더 뜨거워졌다. 저자는 더 누렸던 사람으로서 그리고 과학자로서 책임감을 가지고 정확한 데이터를 제시하며 이야기를 전개한다. 덜 소비하고 더 많이 나눠야 한다고. 그것만

이 우리가 우리 스스로를 구하는 방법이므로. 나는 호프 자런의 지성에 힘입어 세계의 변화를 탐구한다. 그의 명료한 문장을 따라 카메라를 줌 인하고 줌 아웃하며 지구의 이곳저곳을 본다. 이 공부를 사랑하는 이들과 함께하고 싶다. 새로운 풍요를 모색하고 싶다. 지구를 더 이상 망치지 않는 풍요를."

이슬아, 작가, 〈일간 이슬아〉 발행인

지구의 기후가 심각하게 변하고 있다는 사실을 정확하게 이해하고 싶은가요? 그렇다면 50년 전쯤으로 돌아가 봐야 할 거예요. 우리가 지금과 같은 방식으로 밥을 먹고 차를 몰고 일을 하기 시작한 그때부터 문제가 생겨났으니까요. 예를 들어, 지난 50년 동안 전 세계 인구는 두 배가 늘었고 식량 생산량은 세 배로 늘었지만, 에너지 사용량은 무려 네 배나 증가했어요. 여러분이 살고 있는 한국의 경우, 이 비율은 훨씬 더 극적이에요. 지난 50년간 한국의 인구는 60퍼센트 증가했지만 에너지 소비는 열 배, 화석 연료 사용은 아홉 배 증가했거든요. 이런 변화들이 모여서 오늘 우리가 겪고 있는 지구 기온 상승, 이상한 날씨, 동식물의 멸종 같은 심각한 문제들을 만들어 냈어요. 나는 이런 문제와 관련한 수많은 자료를 열심히 연구해 분석했고, 내가 아는 가장 확실하고 솔직한 방식으로 글을 썼어요. 여러분이 지금 손에 들고 있는 이 책이 바로 그 결과물입니다.

　기후변화는 여러분 잘못이 아니에요. 여러분이 책임져야 할 일은 더더욱 아니지요. 분명하게 모습을 드러낼 문제에 대해 이전 세대가 오랫동안 제대로 대처하지 못해서 생긴 일이에요. 나는 미래를 예측할 수 없지만(여러분, 미래를 예측할 수 있다고 주장하는 사람을 믿으면 안 됩니다!) 한 가지만은 확실하게 알고 있어요. 지난 50년 동안 우리가 쉬지 않고 이어 온 습관에 대해 의문을 가져야 한다는 사실 말이지요. 차를 타고, 모임을 하고, 물건을 사고, 멀리 여행하는 일. 일상적으로 해 온 이런 일들이 우리의 일과 가족, 우리의 삶에 꼭 필요한 것일까요? 자, 이제 이런 질문을 던질 시간이에요. 하지만 그 전에, 자료들부터 함께 살펴봅시다. 이를 통해 우리는 어쩌면 희망을 찾을 수 있을지도 모르고, 유치환 시인의 시구처럼 "희망은 떨어진(해진) 포케트(주머니)로도 흘러간" 다는 것을 이해하게 될지도 모르니까요.

진심을 담아
호프 자런

●　유치환의 시 〈향수〉에 있는 구절.

차 례

1부

생명

우주는 변화하고,
삶은 우리 생각이 만들어낸 결과입니다.

마르쿠스 아우렐리우스 안토니누스(121~180년)

1

우리의 이야기가
시작되다

여러분은 아주 어렸을 때부터 '기후변화'라는 말을 들어 왔을 거예요. 뉴스에서 봤을 수도 있고, 영화에 그 말이 나왔을 수도 있고, 학교 교과서에서 읽었을 수도 있고, 집에서 이 문제에 관해 이야기하는 것을 들었을 수도 있지요. 기후변화가 실제 일어나고 있냐는 질문도 들어 보았겠지요. 기후변화는 우리가 두려워해야 하는 대상일까요? 기후변화는 언제 일어날까요? 또 그건 얼마나 심각한 문제일까요? 기후변화가 '말도 안 되는 거짓말'이라는 말도 들어 보았을 거예요. '여러분의 세대가 직면하게 될 가장 큰 도전'이라는 말도요. 말하고 나니 이런 이야기를 듣는 것이 여러분한테는 지겨울 수도 있겠네요.

맞아요. 나도 잘 알고 있습니다. 쉰 살이 넘은 나는, 적어도 지난 20년 동안 사람들이 기후변화에 대해 하는 이런저런 이야기를 들어 왔어요. 나는 기후변화를 연구하는 과학자예요. 그래서 운 좋게도 여러 사람들이 기후변화 문제로 이렇게저렇게 다투는 이야기를 거의 매일 듣게 되지요. 그런데 이런 다툼이 훨씬 오래전에 시작되었다는 것을 최근에야 알게 되었답니다.

반세기도 더 전인 1969년, 노르웨이의 탐험가 베른트 발헨은 북극을 덮고 있는 얼음층이 점점 얇아지는 것을 발견했어요. 그는 북극해가 녹아 외해로 흘러 들어가고 있다고 동료들에게 경고했지요. 〈뉴욕 타임스〉가 이 이야기를 보도했는데, 당시 미 해군이었던 월터 휘트먼이라는 사람은 여기에 동의하지 않았어요. 매달 비행기를 타고 극지방을 비행했지만 얼음이 얇아지는 증거를 보지는 못했으니까요.

또 이런 일도 있었어요. 1931년에 토머스 에디슨은 헨리 포드와 하비 파이어스톤에게 이렇게 말했지요.

"태양과 태양 에너지라니, 얼마나 대단한 힘의 원천인가요! 나는 기름과 석탄이 바닥나기 전에 우리가 에너지 문제를 해결하기를 바랍니다."

맞아요. 전구를 발명한 사람(에디슨)이 자동차를 발명한 사람(포드)과 타이어를 발명한 사람(파이어스톤)에게 재생 가능한 에너지 개발을 촉구했던 거예요. 그런데 역설적이게도 거의 100년 전 '녹색 에너지'에 대해 이야기하던 이 유명한 사람들이야말로 오늘과 같은 화석 연료의 지나친 사용에 불을 붙인 주인공들이었어요.

* * *

잠시 발헨이 휘트먼과 싸우던 1969년으로 가 볼까요? 나는 1969년에 일어난 일을 기억하지 못하지만, 매해가 그렇듯 1969년 역시 수많은 시작과 끝, 문제와 해결책으로 가득했던 한 해였어요. 흘러가 버린 이전 해나 앞으로 다가올 다음 해와 마찬가지로요.

지금 창밖으로 보이는 나무 대부분은 1969년에는 아마 씨앗이었을 거예요. 월마트는 1969년에 세워졌고, 그 후 전 세계에서 가장 많은 직원이 일하는 거대한 기업이 되었어요. 어린이 방송 프로그램 〈세서미 스트리트)는 1969년 처음 방송한 이래로 지금까지 수백만 명의 어린이들에게 숫자 세는 법과 철자법을 가르쳐 오고 있고요. 지금 우리가 아는 대단한 일들도 시작은 사소했고, 이후 점점 더 커져서 세상을 바꿀 정도가 된 것이지요.

나는 1969년 9월 27일에 태어났어요. 저 멀리 미국 북쪽에 있는 미네소타주 모어 카운티라는 곳에 살았던 부모님은 내가 이날 태어난 아기 천만 명 중 하나라는 사실에 별 관심이 없었을지도 모르겠네요. 나는 이분들의 네 자녀 중 막내였습니다. '이 아이는 다른 세상에서 살게 될 거야.' 아기를 낳아 행복한 마음으로, 나의 부모님은 세상의 모든 엄마와 아빠가 그러는 것처럼 다짐했지요.

나는 아버지로부터 받을 수 있는 모든 사랑을 받았고, 어머니가 받았어야 할 모든 사랑을 받을 수 있었습니다. '이 아이가 배고픔 때문에 고생할 일도, 주위 사람의 도움을 받으며 부끄러워할 일도 없도록 해야지.' 어머니는 결심했습니다. 아버지는 우리 모두를 온갖 질병과 가난으로부터 구해 줄 과학 기술이 발전하기를 고대했습니다. 우리 부모님 훨씬 이전의 부모들처럼, 그 후

에 등장할 수백만 쌍의 부모들처럼, 나의 아버지와 어머니는 그분들이 사는 세상을 둘러보았고 그분들이 바라는 세상에 대해 생각했습니다. 서로를 사랑하며 의지했던 부모님은 나에게 '희망'이라는 의미를 지닌 '호프'라는 이름을 붙여 주었습니다.

그 후 40년이 지난 2009년 어느 날, 내가 일하는 대학교의 학과장이 나를 사무실로 불러 기후변화와 관련한 수업을 해 달라고 부탁했습니다. 솔직히 처음에는 이 제안이 별로 달갑지 않았습니다. 에너지를 절약하라고 사람들을 설득하는 건 어려운 일이니까요. 그건 담배를 끊으라고 하거나 건강에 좋은 음식을 먹으라고 하는 것과 비슷합니다. 모두가 그렇게 하는 것이 옳다고 생각하지만, 전 세계의 어마어마한 기업들은 24시간 내내 굴러가면서 우리의 결심과 실천을 방해할 새로운 방법을 찾으려 애쓰니까요. 어쨌든 나는 학과장의 부탁을 받아들였고, 내가 해야 할 일을 시작했습니다. 책상에 앉아 컴퓨터를 켜고 **변화**에 대해 조사하기 시작한 거예요. 그 후 몇 년간 나는 지난 50여 년 동안 전 세계 인구가 얼마나 늘어났는지, 농업이 어떻게 집중화되었는지, 에너지 사용량이 얼마나 치솟았는지를 설명하는 각종 자료를 찾아 분류했습
니다. 공공 데이터베이
스에 접속해 온갖 숫
자가 가득한 서류와
문서를 내려받았어요.
살면서 수십 년 동안 해
온 것이 바로 이렇게 수많
은 데이터를 통해 패턴을 찾아
내는 일이었어요. 나는 내가 이해할 수 있는 가장 자세
하고 정확한 방법으로 세상의 변화를 숫자로 표현하기
시작했고, 그 과정에서 많은 것을 알게 되었습니다.

이런 조사는 내가 여러 차례 진행한 수업의 중요한
기반이 되었습니다. 학기 내내 강의실을 가득 채운 학
생들에게 내가 어린아이였던 1970년대 이후 지구라는
행성이 어떻게 변해 왔는지 각종 숫자를 통해 알려 주
었습니다. 나는 이미 일어난 일에 대해 가르쳤어요. '아
마도 일어났던 일'이라고 추측한 내용이나 '일어났어야
하는 일' 말고요. 나 자신에게 가르친 내용을 학생들에
게도 가르쳤습니다. 가르치면서, 마침내 내가 왜 이것
을 가르치는지 이해하기 시작했습니다. 우리는 먼저 우

리가 있는 곳을 안 뒤에야, 우리 자신에게도 여기가 정말 있고 싶은 곳인지 물을 수 있습니다. 또 나는 그 과정에서 우리의 자원은 땅과 바다, 하늘 그리고 우리 서로 이렇게 네 가지가 전부라는 사실도 알게 되었습니다.

그래서 나는 지금이야말로 강의실을 벗어나 이 책을 통해 지구 환경의 변화를 이야기할 때라고 확신하게 되었습니다. 내가 스스로 옳다고 생각하는 과학자이기 때문이 아니라, 언어와 숫자에 공평한 애정을 지닌 작가이자 해야 할 이야기가 있는 교사이기 때문입니다.

그러니 여러분이 들어 주신다면 내가 사는 세상에, 여러분들이 살고 있는 세상에, **우리 모두가 속해 있는** 이 세상에 무슨 일이 일어났는지 이야기하려고 합니다. 세상은 달라졌습니다.

2

우리는 누구인가

4000년 전, 티그리스강과 유프라테스강 계곡을 따라 자리한 메소포타미아에 살던 사람들은 인구가 계속 늘어남에 따라 지구가 음식, 물, 쉼터와 공간을 충분하게 제공할 수 없을까 봐 깊이 걱정했습니다. 그래서 그곳의 시인들은 "풍요로운 지구의 표층을 억압하는" "수많은 종족의 인간"에 대해 쓰기도 했어요. 기원전 1800년경 이런 시들이 등장했을 때, 전 세계 인구는 1억 명 정도였습니다. 그 후 천 년이 흐르는 동안 그 숫자는 두 배가 되었습니다.

유명한 그리스 철학자 아리스토텔레스는 정치가라면 한 나라에 "얼마나 많은 수의 사람들과 어떤 종류의 사람이 존재해야 하는지"를 결정해야 한다고 믿었습니다. 그는 "지나치게 인구가 많으면" 질서를 유지하기 힘들다고 생각했어요. 사람들이 자신의 가르침을 따른다면 세상의 인구가 적절하게 유지되고 지구는 세상 사람들을 위한 "필수재"를 영원히 공급할 수 있을 것이라고 주장했지요. 아리스토텔레스가 이런 내용으로 글을 쓴 것은 2000년 전이었고, 그때 전 세계 인구는 2억 5000만 명이었습니다. 그 후 천 년 동안 세계 인구는 다시 두 배가 되었습니다.

중세 중기에, 성당 입구 수리를 위한 헌금을 모으느라 인생의 대부분을 바쳤던 쉬제라는 신부가 있었습니다. 그가 남긴 기록에 따르면, 그 시기에 인구가 폭발하면서 성당이 너무 붐벼 "여성들은 남자들 위로 올라가 그들의 머리를 밟고서야 제단으로 향할 수 있었다"라고 해요. 쉬제가 이 글을 쓴 것은 900년 전, 세계 인구가 약 5억 명이었을 때였습니다. 그 후 500년 사이에 세계 인구는 다시 두 배가 되었습니다.

1798년 토머스 로버트 맬서스라는 사람은 《인구론》

이라는 책을 써서 사람들을 불안하게 했습니다. 그는
이 책에서 식량을 많이 생산하게 될수록 인구는 늘어
날 것이며, 이로 인해 여러 가지 면에서 부족함을 겪게
될 것이라고 주장했어요. 맬서스는 전 세계 인구가 계
속 늘어나 모두가 고생하게 될 것이라고, 사람들이 먹
는 한 입 한 입이 상황을 더 나쁘게 만들 것이라고 믿었
어요. 그가 이 책을 출간했을 때 세계 인구는 10억 명에

가까운 상황이었는데, 그 후 100년 동안 세계 인구는 다시 두 배로 늘어났습니다.

50년 후, 존 스튜어트 밀이라는 사람이 맬서스의 주장을 확장해 더 넓은 의미에서 "인구가 늘어나면서 점점 커질 경제적인 문제"에 대해 연구했습니다. 그의 생각은 이랬습니다. "그 어떤 문명에서도, 인구가 너무 많으면 모두에게 필요한 것을 제대로 공급할 수 없다. 인구가 줄어들기 전까지는 말이다." 존 스튜어트 밀이 이런 주장을 했던 1848년 세계 인구는 15억 명에 육박했습니다. 그리고 그다음 세기에 지구상 인구는 다시 두 배가 되었습니다.

상황을 다르게 본 사람도 있었습니다. 헨리 조지라는 미국 경제학자가 그랬습니다. 그는 인구와 식량 생산량 사이의 희망적인 순환을 믿었고, 이렇게 말했지요. "사람들이 더 잘 먹고 더 풍족한 상태에서 살면 식물과 동물이 번성하고 인간도 더 발전하게 된다."

헨리 조지는 경건하고 겸손한 사람이었어요. 가난이 어떤 것인지 알고 있었던 그는 성공을 거둔 후에도 검소하게 살았지요. 공공교통 확대를 주장하고 노동조합을 옹호하고 국회의원의 여성 과반수 보장을 이야기할 정도로 여러 가지 면에서 시대를 앞서갔고, 사람들은 그런 그를 사랑했습니다. 1897년 헨리 조지가 사망하자 십만 명이 넘는 조문객이 장례식에 참석했습니다. 그리고 앞서 많은 유명 인사들이 인구 증가에 대해 이야기했지만, 그가 가장 옳은 전망을 제시했다는 사실이 밝혀졌습니다.

헨리 조지 시대 이후 세계 인구가 두 배 증가할 때 곡물 생산량과 어획량은 **세 배** 증가했고 육류 생산량은 **네 배** 증가했습니다. 헨리 조지가 믿었던 대로, 더 많은 사람들이 태어났지만 식량 생산은 이렇게 늘어난 사람들이 필요로 하는 정도를 뛰어넘어 훨씬 더 늘어났습니다.

오늘날 세상 많은 사람이 겪는 가난이나 고통의 대부분은 지구가 필요한 만큼을 **만들어 내지 못하기 때문이 아니라** 우리가 제대로 **나누지 못하기 때문에** 생겨난다는 점에서도 헨리 조지가 옳았습니다. 앞으로 이 문제에 관해 여러 번 이야기할 예정입니다. 많은 사람이 필요 이상으로 소비하는 바람에 다른 더 많은 사람에게는 거의 아무것도 남지 않게 된 상황에 대해서 말입니다.

***

그렇다면 지금 상황은 어떨까요? **우리**는 어떻게 살고 있나요? 나는 1969년에 태어났습니다. 당시 35억 명이 었던 세계 인구에 작은 여자아이 한 사람이 추가된 것이지요. 내가 태어난 그때부터 지금 이 순간까지, 말하자면 내가 살아오는 동안 세계 인구는 다시 두 배가 되었습니다.

오늘날 여러분과 나는 80억 명이 넘는 사람들과 함께 살아가고 있습니다.

이 말은, 끔찍한 질병이나 전쟁이 단지 몇몇 나라가 아닌 넓은 대륙 전체를 휩쓸어 버리지 않는 한, 전 세계 인구가 80억 명 밑으로 내려가는 일은 없을 거라는 의미이지요. 잘 살고 싶다면 함께 사는 법을 배워야만 합니다. 그렇다면 어떻게 하면 될까요?

결국 우리가 가지고 있는 자원은 네 가지뿐입니다. 땅과 바다와 하늘, 그리고 우리 서로 말이지요.

정말이지 모든 것이 위태로운 상황이기 때문에 우리는 명확하고 단순하게 따져 보아야 합니다. 모든 인간의 이야기가 시작되는 곳에서 출발해 봅시다. 아기에 대한 이야기로 시작하겠습니다.

3

우리는
어떻게 존재하는가

　상상하기 어렵지만 200년 전에는 아이를 잃는 일
이 매우 흔했답니다. 1819년 전 세계에서 태어난 어린
이 다섯 명 중 두 명은 다섯 번째 생일을 맞기 전에 목
숨을 잃곤 했어요. 오늘날보다 가족 구성원의 수도 훨
씬 많았기 때문에(당시 여성들은 평생 평균적으로 아이를 여섯
명 출산했습니다), 이 엄청난 슬픔을 두 번까지는 아니더라
도 한 번쯤 경험하지 않은 가족은 드물었을 것입니다.
내가 태어난 1969년에는 대부분의 아이들이 건강하게
살아남았어요. 여전히 너무 높은 수치이긴 하지만 지

난 200년 동안 유아 사망률은 크게 감소했습니다. 이제 5세 이전에 사망하는 아기는 25명 중 1명 정도가 되었지요. 가족 구성원의 수도 더 적어졌기 때문에(요즘 전 세계 여성들은 평균적으로 평생 약 세 번의 출산을 경험합니다) 우리는 이 엄청난 상실과 비탄을 훨씬 덜 겪게 되었고, 세상은 훨씬 나은 곳이 되었습니다.

200년 전 출산 과정에서 죽음의 위험을 무릅써야 했던 것은 아기만이 아니었습니다. 출산은 어머니들에게도 위험했어요. 100년 전 미국에서, 출산 100건 중 한 건은 산모의 사망으로 이어졌습니다. 그 후 산파와 간호사, 의사들이 살균된 기구를 사용하는 등 의료 서비스가 나아지면서 출산 중 엄마와 아이의 위험이 크게 줄어들었어요. 이런 진보로 인해 최근 미국의 산모 사망률은 1만 명당 한 건으로 떨어졌습니다. 전 세계적으로 산모 500명 중 1명이 출산으로 인해 목숨을 잃는데, 이는 수십 년 전에 비해서는 크게 감소한 수치입니다.

* * *

여러분은 나중에 65세가 되면 어떻게 시간을 보내고 싶은가요? 나는 2034년 6월에도 자전거를 타고 미루나무 솜털이 눈보라처럼 날리는 언덕길을 멋지게 달리고 싶어요. 날이 어둑해질 무렵 타깃필드 야구장에 도착해 자전거에 자물쇠를 채운 후 관중석에 앉아 미네소타 트윈스가 양키스를 17 대 0으로 손쉽게 이기는 장면을 지켜보고 싶습니다.

내 아버지는 젊어서 이런 노년 계획을 세우지 못했지만 내가 이런 계획을 세우는 데에는 근거가 있습니다. 아버지가 태어난 1923년 미국인의 기대 수명은 58세에 불과했습니다. 거의 50년 후 내가 태어났을 즈음에는 기대 수명이 늘어나서 나와 내 또래는 71세까지 살 것이라고 합니다. 내 아들은 60대뿐만 아니라 70대의 미래도 계획해야 할 거예요. 그 아이가 태어난 2004년, 미국인의 기대 수명은 78세로 늘어났으니까요. 내가 아들에게 80세 이후의 인생을 계획해 보라고 권하는 데에도 그럴 만한 이유가 있습니다. 내 아버지는 92세 생일까지 맞이하고 호흡기 감염 질환인 폐렴으로 돌아가셨습니다. 폐렴은 90세 넘은 노인들의 일반적인 사망 원인이고, 노령이 아닌 사람이 폐렴으로 사망하는 것은 아주 이례적인 경우라 할 수 있습니다.

아버지는 1939년부터 1945년까지 이어진 제2차 세계 대전에서 전사한 40만 명 넘는 미국인 중 한 명일 수도 있었습니다. 천만다행으로 그렇지 않았지만요. 전쟁이 일어나면 수많은 사람들이 목숨을 잃게 됩니다. 전 세계에서 전쟁으로 사망하는 사람은 연평균 5만 명 정도입니다. 그런데 경찰이 '일반 살인'이라고 부르는 범죄는 전쟁보다 더 많은 사람들의 목숨을 앗아 갑니다. 매년 전 세계에서 50만 건 정도 살인이 일어납니다. 하지만 살인과 전쟁으로 인한 사망자를 더한다고 해도 자살로 인한 인명 손실에 비하면 극히 적은 수입니다. 2016년에는 전 세계 자살 건수가 거의 80만에 이르렀고, 미국에서 이 중 5만 건이 발생했습니다. 우리는 서로에게 폭력을 가할 뿐 아니라, 훨씬 더 많은 폭력을 자기 자신에게 가하고 있습니다.

그러나 여전히 이 지구상에서 가장 많은 사람들의 생명을 빼앗아 가는 주요한 원인은 질병입니다.

2020년은 특이하고 끔찍한 해였습니다. 모두 합쳐 200만 명에 이르는 사람들이 바이러스성 질환인 코로나바이러스감염증-19로 사망했으니까요. 코로나19가 아니었다면 많은 사람은 그 한 해를 큰 문제 없이 넘겼을 것입니다. 2021년이 5개월 정도 지났을 때 코로나

19로 인한 그해의 사망자 수가 2020년 전체 사망자 수에 해당할 정도여서, 모두가 비극이 점점 커져 가는 것을 알 수 있었어요. 과학자들은 앞으로 수년 동안 코로나19가 인간과 환경에 어떤 영향을 끼쳤는지 연구할 것입니다.

코로나바이러스감염증-19 이전 보통의 5년 동안에는 매년 인구의 약 1퍼센트가 예측 가능한 원인으로 질병에 걸리고 그해에 사망했습니다. 2019년에 그렇게 세상을 떠난 사람은 5700만 명이었습니다. 부유한 나라의 경우 가장 많은 사람들의 목숨을 빼앗는 두 가지 질병은 심장병과 뇌졸중으로, 사망자 넷 중 하나가 이 두 가지 질병으로 세상을 떠납니다. 여기에 암, 당뇨병, 신장병이 더해지면 가장 부유한 국가의 국민 사망 원인 중 절반 정도를 차지하게 됩니다. 이런 질병은 그 자체로 끔찍하지만 하나의 중요한 공통점이 있습니다. 그 어떤 것도 전염성이 없다는 점입니다.

그러나 가난한 지역으로 가면 이야기가 달라집니다. 사망률은 거의 비슷하지만 부유한 나라에서는 거의 사라진 질병(깨끗한 식수, 정비된 하수 시설, 예방접종, 항생제 등 덕분이지요) 때문에 많은 사람이 훨씬 젊은 나이에 고통을 겪다 사망에 이르곤 합니다. 폐, 장, 혈액과 관련한 전염성 감염은 전 세계 가장 가난한 지역의 사망 원인 중 30퍼센트를 차지하며 출산 중 사망이 나머지 사망 원인 중 10퍼센트를 차지합니다.

그럼에도 가난하다는 것이 예전처럼 사형 선고를 의미하지는 않습니다. 지난 25년 동안 지구상 가장 가난한 국가에서도 깨끗한 물을 사용할 수 있는 비율이

30퍼센트 증가했으며 위생 시설 또한 두 배로 증가했습니다. 지난 30년 동안 예방 접종률은 두 배로 뛰었고 임신 중 의료 서비스를 받는 비율도 30퍼센트 이상 증가했습니다. 그 결과 이제 가난한 나라의 사망률은 내가 1969년에 태어났을 때의 절반이 안 되는 정도로 줄어, 앞에서 언급한 부유한 나라의 사망률과 비슷해졌습니다.

어떻게 지난 50년 동안 훨씬 더 많은 사람이 질병과 더 잘 싸우게 되고 출산의 위험도 잘 이겨 내게 되었을까요? 그건 바로 백여 년 전 우리 조부모님이 하셨던 방식을 실행했기 때문입니다. 바로 짐을 싸서 큰 마을로 이사하는 것 말이지요.

4

우리는 어디에
서 있는가

우리 조상 중 농부를 만나려면 몇 세대를 거슬러 올라가야 할까요? 제 경우에는 미국 미네소타주 남부와 아이오와주 북부의 목초지에서 자란 외할아버지와 외할머니로 거슬러 올라가면 됩니다. 제1차 세계 대전에서 돌아온 할아버지는 할머니를 만날 때까지 여기저기 떠돌아다니셨다고 합니다. 두 분이 만나 결혼을 했고 자녀를 낳았습니다. 그중 한 명은 자라서 제 어머니가 되었죠. 1920년대에 들어 사람들이 마을을 이루자 외할아버지는 세상의 변화에 바로 응답했습니다. 어린 자녀들을 데리고 시골을 떠나 미네소타주 오스틴에 정착한 할아버지는 돼지 도축업에 몸담고 실내에서 일하게 되었습니다.

아홉 세대 이상을 거슬러 올라가야 농부나 목동 혹은 사냥꾼 조상을 찾아볼 수 있는 후손이라면 아주 특이한 경우라고 할 수 있을 것입니다. 1817년에는 전 세계 인구 중 겨우 3퍼센트만이, 어떤 이유로든 도시라 할 만한 곳에 살았습니다. 불과 200년이 지난 지금, 지구상 인구의 약 절반이 도시에 살고 있습니다. 하지만 그런 도시가 세상에 골고루 퍼져 있는 것은 아닙니다.

사람들이 어디에서 살고 있는지 살펴볼까요? 유럽 연합, 영국, 북미, 일본, 이스라엘, 뉴질랜드, 호주를 포함한 '선진국'(종종 OECD 즉 경제협력개발기구라고도 하지요) 인구를 모두 더하면 10억 명이 조금 넘습니다. 놀랍게도 지구 전체 인구에 10억 명 이상씩을 더해 줄 나라가 두 곳 있습니다. 바로 중국과 인도인데, 각각이 대략 15억에 가까운 인구를 자랑하지요. 사하라 사막 남쪽 아프리카는 또 다른 10억 명의 고향입니다. 비슷하게 중국을 제외한 동아시아 국가들의 인구가 또 10억에 이릅니다. 북아프리카와 중동의 아랍국가에 5억 명이 살고 있

고 라틴아메리카와 (인도를 제외한) 남아시아에 5억 명이 살고 있습니다. 2017년 기준으로 지구상 전체 인구는 75억 명에 이릅니다.

우주에서 보면 사람들이 잔뜩 몰려 있는 도시야말로 **풍요**를 대표하는 가장 적합한 대상이겠지요. 밤이 되어서 인공조명이 맥박 치듯 반짝일 때, 이 광경을 하늘 위에서 내려다보면 복잡하게 얽혀 있는 뇌 신경을 닮았습니다. 인구가 많다는 것은 사람들이 벌이는 온갖 활동이 가능하다는 의미이기도 합니다. 곳곳에서 사람들이 모여들면 "늘어난 노동력 덕분에 자연스럽게 더 **많은** 생산이 가능하다"라고 1881년에 썼던 헨리 조지의 이야기가 들어맞습니다. 인구가 적다면 도서관, 각종 건축물, 교통 시스템, 시장, 병원, 정부 조직, 사법 체계와 수많은 기업은 결코 생겨나지 못했을 거예요. 도시는 사람들이 모여들어 노동력을 나누기도 하고 합치기도 하는 장소였고, 앞으로도 그럴 테지요.

나는 조부모님이 1920년에 자리 잡은, 인구가 1만 정도 되는 작은 마을에서 태어나고 자랐습니다. 성인이 되어서는 공부를 하고 일자리를 찾기 위해 인구 100만 명이 넘는 도시로 이사했지요. 이는 전 세계적으로 아주 흔한 이야기일 것입니다. 지난 반세기 동안 인구 100만 명이 넘는 도시로 이사를 왔거나 이런 도시에서 태어난 사람을 모두 합하면 10억 명이 넘습니다. 나 역시 도시로 이주한 많은 사람들 중 한 명이었는데, 이들은 거의 비슷한 이유로 떠나옵니다. 고향에서는 찾기 힘든 새로운 기회를 발견할 수 있을 거라는 희망 때문이지요.

세계 곳곳에서 도시는 계속 성장하고 확대될 거예요. 지구상 모든 대륙에서 사람들은 시골을 떠나 도시로 이주하고 있습니다. 이미 인구의 80퍼센트 이상이 도시에 거주하는 유럽과 북미에서도 사람들은 여전히 시골을 떠나 도시로 향하고 있어요. 전문가들의 예상에 따르면 도시 인구는 2100년까지 100억 명을 돌파할 것이라고 합니다. 더 많은 도시가 생겨나고 여기에 더 많은 사람들이 몰리게 되면 **더 많은 것들이** 필요해질 거예요. 특히 식량이 그렇겠지요.

그럼 질문이 하나 생기지요. 온 세상 사람들이 도시로 이주하고 모든 자원이 도시에 집중된다면, 누가 시골 농장에 남아 농사를 지을까요? 그 답은, 그런 사람은 점점 더 드물어지리라는 것이겠죠. 다음 장에서는 각종 식재료를 키워 나와 여러분을 먹여 살리는, 이제 거의 남아 있지 않은 사람들에 관해 이야기해 보겠습니다.

2부

음식

지난해는 풍년으로 올해는 기근으로,
세상은 거인의 행보처럼 크게 움직입니다.
세상의 필요가 무서울 정도로 부풀어 오르는 것을
지켜보게 될 것입니다.

헨리크 입센, 〈브란〉(1865)

5

곡식 기르기

여러분은 어디 출신인가요? 어디서 태어났느냐고 묻는 게 아니에요. 여러분에게 남아있는 첫 기억에 대해 묻고 싶은 거예요. 차창 밖으로 내다본 첫 풍경은 무엇이었나요? 사막이었나요? 아니면 넓은 바다? 평평한 들판이었을까요? 그것도 아니면 산? 나무들? 건물들? 나의 아주 어렸을 때 기억에는, 차창 밖으로 온통 넓은 농경지가 펼쳐져 있습니다.

11월이면 황량한 농지의 검은 땅 위에 서리가 내려 앉았습니다. 겨울이 다가오면 모든 것이 하얘져 주위를 둘러싼 드넓은 무채색의 평원과 지평선을 분간할 수 없었지요. 4월이면 어느 날 갑자기 눈이 녹아내려 땅이 온통 질척거렸고, 녹아내린 물이 길 양옆으로 난 수로를 따라 흘러갔습니다. 5월이 되면 거대한 경운기들이 밭을 오가며 이랑을 만들었습니다. 씨 뿌리는 시기의 신선한 공기를 느끼기 위해 나는 방 창문을 조금 열어 두곤 했습니다. 시간당 10킬로미터의 속도로 땅을 고르는 기계들은 자기 영역을 서성대며 뒤쪽으로 길을 내는, 외로운 강철 맹수 같았지요.

6월 첫날이 되면 옥수수 씨를 뿌리고 콩을 심었습니다. 봄철에 내린 비 덕분에 이랑에 심어 놓은 옥수수가 어김없이 작은 초록색 잎을 내밀었습니다. 일주일쯤 후 동그스름한 연초록색이 밭에서 튀어나왔을 때, 콩에서 싹이 난 것을 알 수 있었습니다. 여름이 세상 모든 것에 스며들면 농작물은 주위를 온통 녹색으로 물들이며 한 마디씩, 한 뼘씩 자라났습니다.

옥수수와 콩은 이상한 협력자여서 자주 이웃해 함께 키우곤 하지만 기본적으로는 완전히 다른 특징을 지니고 있답니다. 콩은 잘 **자라지 않는 것**이 잘 자라는 것보다 힘들 정도이지요. 콩이 뿌리에 갇혀 있는 박테리아

로부터 영양분을 얻는 데 비해, 옥수수는 아낌없이 뿌려지는 비료의 도움을 필요로 합니다. 자가 수분을 하는 콩의 꽃은 별다른 도움 없이 스스로 씨눈을 만들 수 있지만 옥수수 속대에 달려 있는 한 알 한 알은 각각 따로 가루받이가 되어야 합니다. 콩은 꼬투리째 수확하는데, 초록색 가죽 장갑 속 손가락 마디 네 개가 달린 것 같은 모습을 하고 있습니다. 한편 줄기에 달린 속대에 나란히 자리한 수백 개의 옥수수 알 속에서 씨눈은 단단해지고 잘 여물어 갑니다. 하지만 충분히 자라고 나면 옥수수와 콩은 같은 결말을 맞이해 함께 거대한 곡식 저장소로 향하는 운명이 됩니다.

10월이 되면 트랙터가 다시 밭에 등장하는데, 이번에는 작물을 남김없이 거둬들이는 거대한 탈곡기를 달고 나타납니다. 핼러윈 무렵이면 온 카운티(미국의 행정 지역 단위 – 옮긴이) 농경지에는 농작물을 베어내고 남은 울퉁불퉁한 그루터기들이 카펫처럼 깔리고, 말라 버린 깍지만 지난여름 충만했던 영광의 증거로 남게 됩니다. 11월이 되면 첫 서리가 내리고, 이 모든 과정이 다시 되풀이되지요.

미국 중부에는 '하틀랜드Heartland'라고 부르는 곳이 있습니다(하틀랜드는 영어에서 일반적으로 어떤 국가의 심장부와 같은 중심지를 가리키는 말이기도 합니다 – 옮긴이). 하틀랜드는 동쪽으로 시카고에서 서쪽으로는 샤이엔까지, 북쪽으로 파고에서 남쪽으로는 위치타에 이르는 지역입니다. 미국 전체 면적의 15퍼센트를 차지할 뿐이지만 농지 면적으로 보면 미국 전체의 절반 이상이 여기에 속합니다. 내가 자라난 미네소타주 오스틴은 이런 하틀랜드 중에서도 한가운데에 자리한 곳이지요.

오스틴에는 큰 공장과 음식점 몇 개가 있는데, 음식점은 대부분 작은 식당과 패스트푸드점이에요. 미국 내다른 작은 마을과 달리 내가 자란 곳은 인적이 드문 유령 마을은 아니었고, 그 나름의 방식으로 번성해 왔습니다. 오스틴에는 콩, 알팔파, 옥수수 밭이 끝없이 이어지는 가운데 수백 채의 건물이 들어서 있습니다. 열일곱 살을 맞이할 때까지 이 마을과 그 언저리에 자리 잡은 농토는 나에게 온 우주나 마찬가지였습니다. 황량했다가 봉오리가 맺히고 꽃이 활짝 피어나는, 모어 카운티 농지에서 일어나는 일은 곧 전 세계에서 일어나는 일이기도 했습니다.

오늘날 내가 자란 마을의 농지에서는 내가 태어난

1969년보다 세 배 더 많은 식량을 생산하고 있습니다. 마찬가지로, 오늘날 지구상 모든 농지에서는 1969년보다 세 배 많은 농작물이 생산됩니다. 매년 곡류를 10억톤 정도 생산하던 지구는 이제 30억 톤을 생산합니다. 더 놀라운 것은 같은 기간 미국에서 경작지 면적에 그리 큰 변화가 없었고 전 세계적으로도 그렇다는 것입니다.

어떻게 농사를 지을 땅이 10퍼센트밖에 안 늘었는데 재배하는 농작물은 세 배가 늘 수 있었을까요? 그 답은 단위 면적당 생산되는 곡물의 양을 말하는 **생산량**의 엄청난 증대와 관련이 있습니다.

'부셸'은 천 년 넘게 사용되어 온 측량 단위입니다. 1부셸은 30리터 정도의 바구니에 담을 수 있는 곡물의 양을 말하는데, 운반하기에 상당히 무겁지만 그렇다고 운반이 불가능할 정도는 아닙니다. 곡물 1부셸은 25킬로그램 정도로, 비행기 탈 때 한 사람이 맡길 수 있는 짐의 무게를 조금 넘습니다. 50년 전에는 농구장 크기의 농지에서 옥수수 1부셸을 생산했는데, 오늘날에는 자동차 두 대 정도 주차할 공간만 있으면 충분히 옥수수 1부셸을 수확할 수 있습니다.

밀과 쌀도 옥수수만큼 놀라울 정도로 생산량이 많아

져서 지난 50년 동안 평균 수확량이 두 배 늘어났습니다. 콩, 보리, 귀리, 호밀, 수수의 생산량 역시 크게 늘어났고요. 그뿐 아닙니다. 커피, 담배, 사탕무의 수확량은 50퍼센트 넘게 증가했어요. 이 책을 쓰기 위해 조사한 모든 농작물의 수확량은 지난 반세기 동안 주목할 만큼 늘어났어요.

몇몇 예외도 있겠지만, 지구상 모든 농지는 50년 전에 비해 **적어도** 두 배 넘는 식량을 생산해 내고 인구는 50년 전에 비해 두 배 많아졌으니 다행이라고 할 수 있겠지요. 농업에서의 이런 놀라운 발전은 각각 별개인 동시에 서로 연결되어 있는 세 가지 성취 덕분에 가능했습니다. 그것은 바로 우리가 예전보다 농작물을 더 잘 키우게 되었고, 더 잘 보호하게 되었으며, 농작물 그 자체를 더 낫게 개선해 왔다는 것입니다.

* * *

토마토 덩굴 하나, 콩 한 줄기, 밀 한 다발 어느 것 할 것 없이 지구상 모든 작물은 살아남고 성장하기 위해 물과 영양분을 필요로 합니다. 식물이 이런 중요한 자원을 얻을 수 있는 곳은 오직 하나, 바로 자기가 뿌리내리고 있는 토양이에요. 수천 년까지는 아니라 해도 수백 년 동안 땅속에서 썩은 나뭇잎과 부스러진 바위 등이 다양하게 뒤섞인 토양 말이지요.

각기 다른 종류의 식물은 각기 다른 영양분을 필요로 하고, 토양에 따라 구성 성분도 각기 달라요. 식물에 따라 활용할 수 있는 영양분의 양이 다르고 필요로 하는 영양분의 종류도 다르다 보니 초원, 열대우림, 습지 같은 서로 다른 모습의 생태계가 만들어집니다. 이와 대조적으로 농지는 완전히 인위적인 풍경이라고 할 수 있습니다. 농지는 '단일 작물 재배', 즉 의도한 특정 작물을 키우도록 만들어졌습니다. 농지의 흙은 키우려는 한 가지 작물의 성장을 위한 완벽한 바탕이 되어야 합니다. 비료의 형태로 필요한 영양분을 더하고 관개 시설을 통해 물을 공급할 수 있게 되면서 이렇게 특정 작물을 재배하는 농지로 만드는 일이 가능해졌어요. 지난 50년 동안 공학자들과 농학자들이 농부들이 필요로 하는 비료와 물을 정확하게 공급하는 더 나은 방법을 찾고 또 찾기 위해 노력해 온 덕이지요.

전 세계 비료 사용량은 1969년 이후 지금까지 세 배가 늘어났고, 농사에 필요한 물을 공급하는 관개 능력은 두 배가 되었습니다. 우리는 그 어느 때보다 더 후하게 땅에 영양분과 물을 공급하고 있고, 농작물도 이런 환경을 좋아합니다. 하지만 불행하게도 이런 호사스러운 환경은 잡초와 해충의 관심도 자극했어요.

주위를 둘러싼 자연 지대와 달리, 영양분과 물이 넘쳐나는 농지를 보며 이 일대의 모든 잡초들은 저곳이야말로 고급 주거지라고 생각하게 됩니다. 농작물을 재배하기 위해 잘 준비해 놓은 땅은 인간보다 먼저 농작물을 맛보려는 온갖 해충, 곰팡이, 박테리아들의 안식처가 되어요. 그리고 이렇게 단일 재배 작물을 먹어 치울 온갖 해충을 막기 위해 농부들은 잡초와 곤충, 미생물에 독성을 발휘하는 화학 물질인 '살충제'를 사용하게 되지요. 그런데 이런 살충제는 인간에게도 독성을 발휘합니다.

매년 전 세계적으로 500만 톤 이상의 살충제가 농경지에 뿌려지고 있습니다. 이를 지구상 인구로 나눠 보면 일인당 약 500그램에 달하는 양입니다. 살충제 생산량은 1969년 이후 지금까지 세 배나 늘어났습니다. 유독물질은 농작물에 따라 각기 다르게 사용됩니다. 후끈거리는 딸기 온실에는 곰팡이가 피지 않도록 '클로로탈로닐'이라는 이름의 화학 물질을 안개처럼 자욱하게 뿌립니다. 벼농사를 짓는 중국과 일본, 한국의 논에는 해충이 번식하지 않도록 '클로로피리포스'를 수천 톤 뿌립니다. 중위도 지역에 자리한 광활한 농경지는 잡초의 번성을 막기 위해 뿌린 '아트라진'으로 흠뻑 젖어 있을 정도이지요. 비료도 어디에나 살포되고 있습니다. 그 덕에 농지는 우리가 키우고 거둬들이기로 선택한 작물을 위해서는 최고로 안전한 땅이 되었습니다. 농작물들은 크고 튼튼하게 자라나 귀중한 햇빛을 훔쳐 가려는 잡초를 신경 쓰지 않게 되었고 자신을 갉아먹으려는, 인간이 아닌 다른 모든 존재에 대해 철저한 면역을 갖추게 되었습니다.

이보다 더 중요하면서도 설명하기 어려운 것이 있습니다. 오늘날 우리가 재배하는 옥수수, 콩, 밀, 쌀은 50년 전의 옥수수, 콩, 밀, 쌀이 아니라는 점입니다. 개량된 지금의 작물들은 책에 비유하면 자기 자신의 더 나은 개정판이라 할 수 있습니다.

옛날과 다르게 농작물은 우리가 먹을 수 있는 부분이 더 부푼 모습을 하고 있어요. 열매나 씨앗, 줄기, 뿌리 부분이 오래전 야생의 선조들보다 훨씬 커졌고, 당분이나 지방, 단백질이 그곳에 가득 차 있지요. 야생 블

루베리를 따거나 야생 감자를 캐거나 야생 상태의 포도
를 살펴본 적이 있나요? 야생 상태의 각종 곡물과 과일
들은 지금 우리가 식료품점 판매대에서 발견하는 것들
보다 훨씬 작고 또 훨씬 덜 단 편입니다. 밀과 쌀, 옥수
수와 다른 곡물의 조상들도 마찬가지였어요. 우리 조부
모의 조부모의 조부모의 또 그 조부모들은 수천 년 동
안 의도적으로 가장 크고 가장 달콤한 알갱이들을 골라

내 농사를 지어 왔습니다. 이런 과정은 '재배화'라고 불러요. 곡물과 과일, 채소가 야생의 조상으로부터 시작해 오늘날과 같이 영양분 많은 상태로 자라게 된 것은 바로 이런 과정 덕분이었지요.

유명한 신부인 그레고어 멘델은 수도원 정원에서 둥글거나 쭈그러져 있거나, 노란색이거나 초록색인 완두콩을 키우며 교차 교배의 원리를 발견했어요. 19세기에 과학자들은 이 이론을 발전시켜 식물 교배에 나섰고, 그러자 새로운 종이 나오는 속도도 빨라졌습니다. 1920, 30년대에 과학자들은 연구소와 온실에서 각각의 곡류를 일부러 교배시키며 새로 태어난 자손들에 대해 섬세하게 기록했어요. 또 이런 자손들을 다시 교배해 '잡종'을 만들었고, 그 결과 특이한 변이도 탄생했지요. 50년이 넘도록 과학자들은 이와 같이 기본적인 식물육종학의 원리에 따라 지구상에서 재배되는 모든 곡류 그리고 대부분의 과일과 채소를 '유전자 변형' 시켰습니다. 그 효과는 엄청나서 1900년에서 1990년 사이에 곡물 수확량이 세 배로 증가했는데, 놀라운 사실은 더 있습니다.

DNA(데옥시리보핵산)는 모든 살아 있는 세포에 존재

하는 화학 물질입니다. 이 분자는 비틀린 사슬 모양을 하고 있는 각각의 고리로 구성되어 있습니다. 자연에는 이런 고리가 몇 개밖에 존재하지 않는데 버섯, 인간, 야자수 등 모든 생물종은 그 나름의 방식으로 이어지는 고리를 통해 특별한 유전자 구조를 갖게 됩니다. 한 생물종의 고유성을 보여 주는 가장 중요한 요소는 사슬의 전체 길이입니다. 곰팡이 DNA는 수백만 개의 연결 고리가 있는 사슬이고 인간 DNA는 수십억 개, 식물 DNA는 1조 개의 연결 고리로 이루어져 있습니다.

DNA를 모스 부호에 비유해 볼게요. 모스 부호가 무엇인지 알고 있나요? 이것은 옛날에 사용했던 신호 체계로, 사람의 귀에 길거나 짧게 들리는 단 두 가지의 신호음으로 구성되어 있어요. 모스 부호의 짧은 신호와 긴 신호를 사용하면 간단한 SOS 조난 호출은 물론이고 5막에 이르는 셰익스피어 희곡 〈햄릿〉까지 모든 내용을 전달할 수 있지요. 모스 부호가 어떤 글자를 써야 할지 알려 주는 것이라면, DNA 암호는 생물체를 구성하는 단백질을 만들기 위한 조리법이 적힌 요리책과 같다고 할 수 있어요. 요리책 안에 여러 가지 조리법이 담겨 있는 것처럼, DNA 안에는 여러 유전자가 있어요. 쓸모 있는 단백질 제조법을 설명하는 더 작은 연결고리인 셈이지요. 모든 유전자는 단백질을 만들기 위한 조리법이고, 이렇게 만들어진 단백질은 각자의 임무를 맡고 있어요. 특히 그중 몇 가지는 매우 중요한 일이에요.

자손이 생기는 생식 과정에서는 생물학적 어머니의 DNA 사슬과 생물학적 아버지의 DNA 사슬이 합쳐지는 일이 일어납니다. DNA가 한쪽은 어머니로부터, 또 한쪽은 아버지로부터 와서 우리가 만들어진 것처럼요! 그래서 유전자를 만드는 DNA 암호는 우리의 생물학적 부모 중 누구와도 동일하지 않아요. 어머니와 아버지로부터 온 어떤 단백질 제조법은 유지되고, 또 어떤 것은 사라지지요. 새로운 작물을 만들어 내는 방식도 번식 과정과 관련이 있어요. 20세기 초에 육종학자들은 좋은 특징을 지닌 부모 세대를 교배해 그 특징이 자손에게 집중적으로 나타날 수 있도록 했어요. DNA 사슬에서 어떤 단백질이 남고 어떤 단백질을 잃었는지 정확히 밝혀 내지는 못했지만, 그 결과는 성공적이었어요.

20세기의 중요한 혁신 중 하나가 바로 과학자들이 전체 DNA 사슬의 유전자 지도를 각각의 고리 단위로 자세히 파악하게 된 것이에요. 과학자들은 이런 연구 분야를 '분자유전학'이라 불렀어요. 분자유전학 연구를 통해 수천, 수십만, 수십억 개의 고리로 이루어진 DNA에 들어 있는 각각의 유전자를 정확히 확인할 수 있게 되었어요. 1980년대 들어 학자들은 DNA를 변형하는 새로운 방법, 즉 부모 세대의 교배도 필요 없고 새로운 세대가 자라 성숙해질 때까지 기다릴 필요도 없는 방법도 발견했어요. 새로운 '재조합' 기술을 통해 DNA의 고리 배열 순서를 편집할 수 있게 된 것이지요. 유전학자들은 살아 있는 식물의 DNA 사슬 안에 있는 특정 유전자를 제거하거나 복제하거나 잘라 붙일 수 있게 되었어요. 마치 우리가 긴 문장에서 어떤 단어를 빼거나 복사하거나 잘라 다시 붙여 넣거나 하는 것처럼요. 심지어 식물이 아닌 생명체의 DNA에서 유전자를 잘라내 식물의 DNA에 붙일 수도 있었어요. 과학자들은 이전까지 효과를 알 수 없었던 단백질 제조법을, 어린 식물체에 도입해 살펴볼 수 있었어요.

이런 유전자 재조합으로 만들어진 농작물은 'GMO'('유전자 변형 식품' 또는 '유전자 재조합 생물'이라고 불리기도 합니다 – 옮긴이)라고 알려져 있습니다. GMO는 조작을 거치지 않은 부모 세대 작물('토종 작물' 또는 '비非GMO'라고 합니다 – 옮긴이)만큼이나 영양가가 높아요. 하지만 동시에 윗대보다 물을 덜 필요로 하고 해충에는 더 강하게 만들어 주는 단백질 제조법이 내재되어 있습니다. GMO는 부모 세대의 더 나은 버전이지만, 부모 역시 자신의 부모보다 더 나은 버전이긴 마찬가지예요. 유일한 차이점

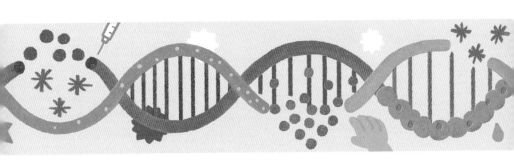

이라면 최신 세대는 자신의 DNA로부터 직접 재조합되었다는 것입니다.

GMO 식물에 실험실에서 변형해 만든 DNA가 자리한다고 해서 인간이 섭취하기에 위험한 것은 아닙니다. 미국 과학 아카데미는 GMO 작물의 안전성을 두 번에 걸쳐 조사해 인간의 건강에 해를 끼치지 않는다는 사실을 확인하기도 했습니다. GMO가 도입된 지 30년이 지

난 오늘날, 전 세계 경작지의 10퍼센트에 GMO 작물이 심어져 있습니다. 미국에서 자라는 거의 모든 콩, 옥수수, 면화, 카놀라는 GMO 품종입니다. 이 모든 종은 내가 태어난 후에 등장한 것들입니다.

미네소타에서 자동차 창문 너머로 보았던 광활한 녹

색 땅은 재래 품종을 심던 밭에 GMO 콩과 GMO 옥수수를 심었기 때문에 만들어질 수 있었습니다. 1990년대 GMO 작물을 심게 된 후 옥수수와 콩의 전 세계 수확량은 적어도 30퍼센트 더 증가했고, 현재는 20세기 초보다 네 배 이상 증가했습니다.

★★★

농사 이야기를 하다 보면 모든 길이 아이오와주로 통하는 것 같아요. 그건 내가 자란 작은 마을의 모든 길이 말 그대로 아이오와로 향했기 때문만은 아니고, 아이오와주는 항상 미국 농업을 떠받쳐 왔기 때문입니다. 내가 어렸던 1970년대에 아이오와주는 미국 최대 곡물 생산지로서 미국 총생산량의 4분의 1을 책임졌습니다. 아이오와주는 늘 세계에서 가장 생산성 높은 농지였고, 앞으로도 그럴 거예요.

　내가 고등학교에 다닐 때, 아이오와 토지의 80퍼센트 이상이 농지였습니다. 30년이 지난 오늘날에도 아이오와주 면적의 80퍼센트 이상이 농지입니다. 아이오와주는 농지 비율이 80퍼센트를 넘지 않은 적이 한 번도 없습니다.

　하지만 1970년대 아이오와주에는 개인 농장이 거의 지금의 두 배 정도로 많았어요. 이후로 토지가 사고팔리며 대부분의 농장은 규모가 점점 작아졌고, 몇몇 농장은 토지를 계속 넓혀가며 점점 더 거대해졌습니다. 오늘날 아이오와의 가장 큰 농장은 뉴욕시의 두 배 크기이며, 여기서는 매년 100만 부셸 이상의 옥수수를 수확합니다.

현재 아이오와 전역의 농부는 9만 명에 약간 못 미칩니다. 아이오와주 인구의 3퍼센트에 불과한 사람들이 주 경제의 거의 10퍼센트를 담당하고 있는 셈이지요. 농업은 중요한 산업이지만 여기에 몸담고 있는 사람은 극히 적은 편입니다.

＊＊＊

미국의 하틀랜드에서 재배하는 곡물 대부분이 사람들의 식량으로 사용되지 않는다는 사실을 알면 여러분은 깜짝 놀랄지도 모르겠네요. 옥수수로 예를 들어 봅시다. 미국은 그 자체로 항상 거대한 옥수수밭이었다고도 할 수 있습니다. 남북전쟁이 끝나고 5년 후인 1870년, 모든 것이 혼란스러웠던 시기에도 미국은 여전히 10억 부셸의 옥수수를 생산해 냈습니다. 1890년을 지나자 옥수수 생산량은 매년 최대 20억 부셸 정도로 회복되었습니다. 제2차 세계 대전 이후의 경제 호황기에는 옥수수 수확량이 30억 부셸에 달했습니다.

내가 아이였던 1970년대에 미국은 매년 50억 부셸에 이르는 옥수수를 생산했는데, 이는 다른 모든 주요 곡물을 합친 것보다 많은 양이었습니다. 오늘날 미국의 연간 옥수수 생산량은 150억 부셸로 지난 50년 동안 무려 세 배나 증가했습니다.

이렇게 옥수수가 엄청나게 쌓이다 보니 옥수수를 소비할 새롭고 특이한 산업이 발전하게 되었습니다. 사람들은 옥수수를 가루뿐만 아니라 전분, 설탕, 기름 형태로도 섭취하고, 더 다양하게는 수지, 산, 왁스, MSG(모노소듐 글루타메이트) 같은 형태로도 소비합니다. 그럼에도 인간이 소비하는 옥수수 양은 미국 연간 옥수수 수확량의 10퍼센트에 불과합니다. 나머지는 어디로 가는 것일까요?

이후에 12장에서 더 자세히 살펴보겠지만, 나머지 절반(한 해 동안 심고 가꾸고 수확하는 옥수수의 45퍼센트)은 결코 식품으로 사용되지 않습니다. 나머지 절반인 10억 부셸 이상이, 즉 1억 명의 사람들이 1년 동안 먹을 수 있는 양이 동물들의 사료로 사용되어 바로 거름이 되어 버리고 맙니다.

6

가축 키우기

언젠가 우크라이나에 소 한 마리가 살았습니다. 더 정확히 말하면 태어나 젖을 뗀 직후 거세된 어린 수컷 송아지라고 할 수 있습니다. 어리고 튼튼하고 아름다워서 많은 사람들이 이 수송아지를 보면 감탄을 멈추지 못했답니다. 내 친구도 그중 한 사람이었죠.

저널리스트로 활동하는 그 친구는 동유럽을 여행하면서 현지 여성의 삶에서 중요한 의식들을 기록으로 남기고 있었습니다. 그런데 여행 가이드를 맡은 남성이 마침 여동생의 결혼식을 준비하고 있었습니다. 그가 그

림처럼 아름다운 초록빛 강가로 친구를 데려가더니 세심하게 만들고 근사하게 장식한 작은 우리 옆에 차를 세웠습니다. 그 우리 안에는 만족스럽게 풀을 뜯어먹는 소 한 마리가 있었지요.

"여동생 결혼식을 위해 잡을 바로 그 소랍니다." 가이드는 건강한 소를 보여 주며 기쁨이 가득한 얼굴로 자랑했습니다. 결혼식을 축하하기 위해 마을의 모든 사람을 초대할 예정이라고 했습니다. 손님들이 그날 파티 주인공을 위해 여러 가지 멋진 음식을 준비해 오겠지만, 그중에서도 연회의 꽃은 눈앞에 보이는 바로 저 송아지가 될 터였습니다.

순해 보이는 동물을 바라보며 친구는 죽음에 관해 생각했습니다. 수송아지는 잠시 친구를 바라보더니 머리를 떨구고 자기 발밑에 자리한 대지의 냄새를 깊이 들이마시며 다시 풀을 씹었습니다.

***

이와 달리 미국에서는 사람들이 음식의 재료가 되는 동물을 직접 만나는 일이 아주 드뭅니다. 사람들이 육류로 만든 음식을 평균적으로 매일 열 가지 정도 먹는

데도요. 그 음식들은 적어도 10여 종의 동물로부터 온 것이지만, 이것은 또 이례적인 일이 아닙니다. 미국에서는 시간당 동물 100만 마리가 도살됩니다. 도살 작업의 대부분은 공항만큼이나 거대한 건물 안에서 일어나고, 미국의 각기 다른 넓은 지역에서 각각 다른 육류 도살이 전문적으로 진행되고 있습니다. 네브래스카와 콜로라도, 캔자스의 대평원에서는 매년 소 3000만 마리가 도살됩니다. 아칸소와 조지아까지 넓게 뻗은 '깃털 지대'에서는 매년 닭 90억 마리가 도살되고요. 아이오와를 둘러싼 중서부 위쪽에서는 매년 돼지 1억 2000만 마리가 도축되고 있습니다.

미네소타주 오스틴의 가장 큰 산업은 거대한 돼지를 잡는 도축업입니다. 매년 미국에서 도축되는 돼지의 6퍼센트가 내 작은 고향 마을의 시 경계 안에서 숨을 거두지요. 북동쪽 4번가와 8번가 사이에서 매일 일꾼 1300명이 돼지 1만 9000마리를 잡습니다. 이런 돼지고기의 대부분은 스팸을 만드는 데 사용됩니다. 스팸은 1937년 내 고향에서 **발명된** 이후 세계적으로 유명해졌습니다. 지금은 전 세계 80여 개 나라에서 0.078초당 한 개꼴로 소비되고 있습니다.

2011년 이후 전 세계 육류 생산량은 연간 3억 톤을 넘어섰습니다. 이는 50년 전 생산량의 세 배가 되는 양입니다. 이런 육류의 대부분은 소, 닭, 돼지로, 97퍼센트를 이 불쌍한 세 동물이 차지하고 있습니다. 소와 닭, 돼지는 50년 전에도 전체 육류 생산량의 거의 90퍼센트를 차지했지요. 그런데 그동안 중요한 변화가 몇 가지 있었습니다. 이제 우리는 각각의 동물로부터 훨씬 더 많은 고기를 얻습니다. 지금 1969년 소고기 생산량의 두 배를 얻으려 한다면, 도축 횟수는 절반만 더 늘리면 됩니다. 돼지고기를 1969년의 네 배로 얻고자 한다면, 도축량은 세 배로 늘리면 됩니다. 닭고기를 열 배로 얻고자 한다면, 도축은 여섯 배로 늘리면 됩니다.

이러한 추세는 다른 동물성 제품에도 적용됩니다. 현재 전 세계 암탉들은 매년 1조 개 이상의 알을 낳습니다. 이는 1969년 생산량의 네 배입니다. 우유는 특히 놀라운 사례라 할 수 있습니다. 미국의 우유 생산량은 1969년의 두 배가 되었는데, 우유를 생산하는 젖소는 오히려 300만 마리가 줄어들었습니다. 무슨 일이 일어나고 있는 것일까요?

답은 **생산량**과 관련이 있습니다. 이는 우리가 10퍼센

트밖에 늘어나지 않은 농지에서 세 배 더 많은 곡물을 재배하게 된 방법과 다르지 않습니다. 우리는 예전보다 가축들을 더 잘 먹이고 있고, 더 잘 보호하고 있으며, 품종 자체도 더 낫게 개량해 왔습니다.

수의학은 연구를 거듭하며 발전했습니다. 그 덕분에 새로운 동물 질병 치료제가 만들어졌고, 고기의 상품 가치를 높이기 위한 목적이었지만 동물의 영양 상태에 대한 이해도 높아졌습니다. 더 놀라운 것은 동물의 몸에 일어난 변화였습니다. 전 세계에서 도축되는 모든 소, 돼지, 닭은 1969년에 비해 몸집이 평균적으로 20~40퍼센트 더 커졌습니다. 이는 농업유전학 연구자들이 70년간 진행했던 통제된 환경에서의 교배 덕분입니다. 수많은 과학자들의 헌신적인 연구가 있었던 것이지요. 이렇게 더 적은 수의 동물에게서 더 많은 고기를 얻어낼 수 있던 것은 빠른 성장, 높은 번식력, 낮은 신진대사 등을 목표로 동물의 생리를 바꿔 가는 도중에 얻은 예기치 못한 성과라 할 수 있습니다.

1950년대에 송아지는 생후 3개월이 지나야 45킬로그램을 넘어서는 것이 보통이었습니다. 오늘날에는 태어난 지 50일 만에 90킬로그램을 넘어서게 됩니다. 오늘날 젖소는 매일 우유 20리터를 생산하는데, 이는 50년 전의 두 배가 되는 양입니다. 여기에 더해 어미 돼지는 예전보다 더 힘든 시간을 보내게 되었습니다. 1942년 한 배에서 태어나 같이 젖을 먹는 새끼 돼지는 평균 다섯 마리였는데, 오늘날에는 열 마리로 늘어났습니다. 게다가 이제 암돼지는 1년에 한 번이 아니라 두 번 새끼를 낳습니다. 평범한 닭의 경우에는 60년 전과 근본적으로 달라졌습니다. 훨씬 적은 사료로 훨씬 더 큰 닭을 키우게 되었으니까요. 1957년에 1킬로그램짜리 닭을 키우는데 필요했던 사료의 양이 오늘날 5킬로그램짜리 닭을 키우는 데 필요한 양과 같을 정도입니다.

* * *

우크라이나 여행 가이드가 차를 방목지 옆에 세운 것은 단지 소 한 마리를 보여 주기 위해서가 아니었다는 사실을 나의 친구는 시간이 좀 지나서야 깨달았다고 합니다. 그 가이드는 내 친구에게 삼 년간의 힘들었던 노력을 보여 준 것이었습니다.

손이 덜 가는 농장 일이란 존재하지 않습니다. 도축을 앞둔 튼튼한 수소는 280일의 임신 기간 동안 특별한 먹이를 먹고 보살핌을 받은 젊은 암소에게서 태어납니다. 송아지가 태어나면 거세를 시키고, 18개월 동안 건초를 운반해 와서 먹이를 먹입니다. 배설물을 치우고, 목초지를 옮기고, 울타리를 보수하고, 물을 대고, 벌레를 잡아 주고, 마지막으로 도살을 위해 살을 찌워야 합니다. 가이드가 소고기의 최종 목적지로 여동생의 결혼식 잔치를 선택한 것은 이 수송아지를 키워 테이블 위에 올리기까지의 수년간에 걸친 고생도 함께 선물한다는 의미입니다.

　고기를 생산하려면 엄청난 자원을 쏟아부어야 합니다. 여러 가지 수많은 자원을 투입해 그에 훨씬 못 미치는 아주 적은 양의 결과물을 만들어 내는 과정이라고나 할까요? 인간이 사용하는 담수의 30퍼센트는 가축을 키우고, 고기를 얻기 위해 도축하는 데 쓰입니다. 우리에 간힌 상태에서 도축을 기다리는 250억 마리의 소, 돼지, 닭에게는 엄청난 약물이 사용됩니다. 1990년대에 들어 미국에서 생산하는 항생제의 3분의 2는 고기를 공급하는 가축의 성장을 촉진하고 건강한 상태를 유지하기 위해 사용되었습니다.

　약물 대부분은 동물의 몸을 통과해 소변과 섞여 나와 길가 도랑으로, 지하수로 스며 들어갑니다. 이렇게 되면 지하에 자리 잡은 미생물은 항생제에 성공적으로 저항할 수 있는 균주를 만들게 되고, 결국 우리가 사용한 항생제의 효과를 떨어뜨립니다.

　육류 생산을 위해 동물에게 투입해야 하는 가장 중요한 것은 곡물인데, 그것도 엄청난 양이 필요합니다. 매년 600억 부셸(16억 톤)이 넘는 곡류, 주로 옥수수, 콩, 밀이 가축 사료로 쓰입니다. 동물의 몸은 이런 곡물을 여러 가지 용도로 사용하는데, 그중 고기를 만드는 데 활용되는 부분은 아주 적습니다.

동물은 움직이려면 근육을 수축해야 합니다. 농장의 동물도 마찬가지인데, 그때 그들은 사료를 먹고 태워서 얻은 에너지를 사용합니다. 그러니 동물이 덜 움직인다면 더 적게 먹이를 주어도 됩니다. 이 논리에 따라 동물이 머리를 좌우로 돌릴 수도 없도록 가두는 우리가 생겨났습니다. 가축을 이런 장치 안에 가두고 3킬로그램이나 되는 곡물을 먹여서 얻는 고기는 0.5킬로그램밖에 되지 않습니다.

오늘날 인간이 곡물 10억 톤을 먹어 소비하는 동안 또 다른 10억 톤이 동물 사료로 소비되고 있습니다. 그렇게 동물을 먹여 우리가 얻는 것은 고기 1억 톤과 동물 분뇨 3억 톤입니다.

* * *

인간이 고기를 얻기 위해 2019년에 도살한 동물의 수는 1969년에 비해 여섯 배나 늘어났는데, 그중 10퍼센트가 미국 내에서 이루어집니다. 아마도 여러분 주위에는 이런 도살이 옳은지 그른지에 대해 자기 나름대로 강력한 의견을 지닌 사람들이 많을 것입니다. 스스로를 '채식주의자vegetarian'(육류와 어류를 먹지 않고 우유나 계란은 선택적으로 먹는 사람 – 옮긴이), '완전채식주의자vegan'(육류와 어류는 물론 우유나 난류 등도 모두 먹지 않는 사람 – 옮긴이), '페스카테리언pescatarian'(육류를 먹지 않지만 어류를 포함한 해산물은 먹는 사람 – 옮긴이), '가리지 않는 잡식성'이라고 소개하는 친구나 가족이 있을 텐데, 이는 식사를 할 때 어떤 육류는 먹고 또 어떤 육류는 먹지 않는지에 따른 채식 정도를 반영하는 구분입니다. 하지만 이런 분류는 최근의 중요한 라이프스타일을 제대로 보여 주지 못합니다. 여전히 육류를 먹긴 하지만 지금보다 훨씬 적게 먹으려고 노력하는 중간 지대의 사람들 말입니다.

만일 모든 미국인이 붉은색 고기와 가금류 섭취량을 매주 1800그램에서 900그램으로 절반 정도 줄인다면 가축 사료에 사용되는 식용 곡물 1억 5000만 톤을 절약할 수 있습니다. 엄청난 희생을 요구하는 일은 아닙니다. 한 사람이 매주 900그램 정도의 육류를 먹는다는 것은 다른 많은 나라들과 비교할 때 상당한 양으로, 일례로 우크라이나의 평균 육류 소비량보다도 여전히 높은 수준입니다. 이렇게 되면 전 세계에서 생산된 곡물의 여유분이 15퍼센트까지 늘어납니다. 꽤 많은 양이 지요!

만일 OECD 36개국(북미, 영국, 유럽, 이스라엘, 호주, 뉴질 랜드, 일본 등을 포함해)이 모두 함께 육류 소비를 절반으로 줄인다면 세계의 식량용 곡물 생산량은 40퍼센트 가까 이 늘어날 것입니다. 다른 방식으로도 생각해 볼까요? OECD 국가들이 매주 하루만 고기를 먹지 않는다면, 한 해 동안 굶주린 사람들을 먹일 수 있는 1억 2천만 톤 의 곡물이 여분으로 생기게 됩니다.

지구상에 굶주리는 사람들은 얼마나 될까요? 하루 섭 취하는 음식이 "사람이 일상 활동을 유지하는 데 필요 한 에너지의 최소한도 이하"인 어린이와 여성, 남성이 8억 명이 넘습니다. 다른 말로 하자면 우리는 굶주리는 8억 명과 함께 이 지구에서 살아가고 있는 것이지요.

왜 누군가는 이런 식으로 살아가고 또 누군가는 죽어 가야 하는지에 합리적인 이유는 없습니다. **굶주림은 지 구의 공급 능력이 부족하기 때문이 아니라, 우리가 생산 한 것을 제대로 나누지 못해서 일어납니다.** 지구상 곡물 의 3분의 1이 육류 생산을 위해 사라지지만 그래도 여 전히 지구는 모든 사람이 건강하게 살아가는 데 필요한 칼로리를 충분히 만들어 내고 있습니다. 필요로 하는 것보다 훨씬 더 많은 식량을 소비하는 나라들이 많기 때문에 다른 많은 나라에서 식량이 부족한 것입니다.

전 세계 인구 증가에 관한 가장 신중한 예측에 따르면 2100년까지 세계 인구는 100억 명에 이를 것입니다. 지금보다 적어도 25억 명이 늘어나는 것입니다. 이는 곧 여러분과 나 그리고 세계 전체가, 연간 2000조 칼로리를 추가로 만들어 내고 이를 공정하게 나누어 수많은 사람들이 굶주리지 않도록 대비할 수 있을 때까지 80여 년밖에 남지 않았다는 의미이기도 합니다.

인류는 전에도 지금과 같은 혼란에 빠진 적이 있습니다. 세계 인구가 40억 명을 넘을 것이 분명해져서 이 문제를 해결하기 위해 필사적으로 노력해 생산량을 늘렸던 1950년대가 그랬지요. 그런데 비장의 카드를 이미 그때 사용해 버렸습니다. 한 줄기에 달릴 수 있는 옥수수와 동물의 뼈에 붙을 수 있는 고기의 양은 제한되어 있습니다. 음식이 될 수 있는 것들의 생산은 이미 생물학적 한계에 부딪히고 있습니다. 얼마 되지 않는 고기와 엄청난 양의 배설물을 얻기 위해 매년 동물에게 먹이는 곡물의 90퍼센트를 적극적으로 낭비하는 현실에 대해 다시 한 번 생각해 봐야 합니다.

미래와 관련해서는 많은 부분이 불확실하지만 살아가려면 무언가 먹어야 한다는 사실만은 변하지 않을 것입니다. 전 세계 인구가 점점 늘어나고 있으니 조만간 이 모든 사람들을 먹일 수 있는 방법을 찾아 나서야 합니다. 그런데 우리는 하루에 세 번씩, 모든 사람의 미래보다는 현재의 나를 우선 순위에 두는 선택을 하고 있습니다. 우리 앞에 놓인 문제를 외면한 채 포크를 들고 고기를 한 입 더 먹으면서 말입니다.

7

물고기 잡기

2017년 모든 주요 언론이 발표한 바에 따르면 노르웨이는 세계에서 가장 행복한 나라입니다. 꽁꽁 얼어붙은 야외 벤치에 앉아, 기차 철로 건너편으로 한 남자가 청어를 꺼내 들고 턱수염을 헤치며 먹는 모습을 지켜보는 것. 이 나라를 생각하면 나는 이 장면이 제일 먼저 떠오릅니다. 노르웨이 인구는 500만 명으로, 미국 애틀랜타 도시권 인구보다 적습니다. 추운 날씨에 늦은 기차를 기다릴 때가 아니라면 저도 이곳에서 꽤 행복하게 살고 있다고 인정합니다.

노르웨이는 부유한 나라입니다. 서부 해안의 북해 해저에서 발견된 석유 덕분이지요. 하지만 노르웨이가 바닷속에서 화석 연료를 거둬들이기 수백만 년 전에도 노르웨이를 둘러싼 바다는 또 다른 수출 품목으로 넘실거렸습니다.

북해는 짝짓기를 하느라 여념 없는 살진 물고기로 가득합니다. 지금도 그렇지만 예전에도 그랬답니다. 노르웨이 사람들이 바다에서 잡아 오는 물고기의 양은 놀랄 정도입니다. 자신의 직업이 어부라고 생각하는 노르웨이 남성과 여성은 1만 2000명 정도인데, 이들은 전 세계 연간 어획량의 거의 3퍼센트에 달하는 물고기를 잡습니다. 매년 노르웨이 어부 한 명이 잡는 생선의 양은 평균 200톤 이상입니다. 30년쯤 전 연어에 관심을 집중한 노르웨이 어업은 이후 놀라운 성과를 보여 주었습니다. 오늘날에는 단 7000명의 노르웨이 어부들이 유럽에서 가장 인기 있는 이 물고기의 공급을 책임지고 있습니다.

* * *

노르웨이 문화에서 연어의 중요성은 아무리 강조해

도 지나치지 않습니다. 학명은 '살모 살라르Salmo salar'이고 노르웨이어로는 '라크스laks'라고 하는 대서양 연어는 쉴 새 없이 여행을 합니다. 담수에서 부화해 곤충과 애벌레를 먹이로 삼는데, 태어난 첫날부터 열정적인 사냥꾼의 모습을 보여줍니다. 다 자라나면 북해를 돌아다니며 오징어, 장어, 새우, 청어를 잡아먹고 길이 1미터, 무게 45킬로그램에 이르는 거대한 몸집으로 성장합니다. 그 후 물살을 헤치고 강을 거슬러 올라 자신의 기원이 된 민물로 가 그곳에서 다음 세대를 낳습니다.

연어의 살은 잡아먹은 먹이의 분홍빛 색소로 물들어 있습니다. 북유럽 사람들은 수천 년 동안 이 생선을 날 것 그대로, 익혀서, 훈제로, 절임으로, 또 땅속에 묻어 발효시켜 섭취했습니다. 연어가 가는 곳이라면 어디든지 노르웨이인들이 따라갑니다. 약 천 년 전에 기록된 노르웨이 전설에는 무법자 그레티르가 배를 타고 아이슬란드 서쪽의 위험한 바다를 기적적으로 항해하는 이야기가 나옵니다. 그 이야기에서 그레티르는 두 개의 강이 하나로 합쳐지며 바다에 모든 것을 내어주는 곳, 살진 연어 떼가 알을 낳기 위해 강 상류로 올라가는 고요한 피오르에 들어섭니다. 그는 신들이 자신을 그들의 거처로 불러들였다고 확신하며 그곳에 '아스가르드Asgard'라는 이름을 붙입니다(이는 '노르웨이의 신이 거하는 곳'이라는 뜻입니다 – 옮긴이). 감미롭고 안전한 골짜기, 연어들이 뛰어노는 얼음처럼 차가운 계곡을 본 그레티르는 천국이 있다면 마땅히 이곳이리라고 생각했던 것입니다.

오늘날 노르웨이 대서양 연어의 99.99퍼센트는 아스가르드에 비하면 턱없이 덜 숭고한 곳에서 오며, 한편 그 숫자 또한 상상을 넘어섭니다. 노르웨이 사람들이 연간 자국에서 잡히는 연어를 모두 소비해야 한다면 남녀노소 모두 매일 700그램 정도의 연어를 먹어야 할 것입니다. 하지만 노르웨이에서 생산되는 연어의 90퍼센트는 해외로 수출되고, 대부분은 유럽 연합, 특히 프랑스로 향하게 됩니다. 그래도 노르웨이의 1인당 연어 소비량은 높은 편이어서 미국의 100배 정도 된답니다. 연어는 노르웨이 어디에서나 만날 수 있지요. 이제는 식료품점에서 살 수 있는 가장 저렴한 생선이 되었지만, 예전에는 그렇지 않았습니다.

내가 어렸을 때인 1970년대에 대서양 연어의 전 세계 생산량은 연간 약 1만 3000톤 정도를 유지했습니다. 오늘날 전 세계 연어 생산량은 300만 톤에 가까워지고 있습니다. 이는 생산량이 2만 퍼센트 이상 증가했다는 의미이지요. 내가 자랄 때 연어는 대구나 명태를 비롯한 모든 흰살생선에 비해 특별하고 멋진 음식이었습니다. 친척들도 식탁에 연어를 올리는 일이 별로 없었고, 만일 연어를 대접받을 때면 껍질까지 남김없이 먹어야 했어요(우웩). 요즘에는 맥도날드에서도(적어도 싱가포르에서는) 연어를 먹을 수 있습니다. 무슨 일이 일어난 걸까요?

간단히 말해 이는 더 이상 대서양 연어를 바다에서 잡아들이지 않기 때문에 가능해졌습니다. 50년 전, 전 세계 고깃배들은 매년 바다에서 1만 3000톤의 연어를 잡아 올렸습니다. 1990년부터 지금까지 이 수치는 계속 줄어들었고, 이제 바다에서 잡는 연어는 약 2000톤에 지나지 않습니다.

바다낚시는 시간도 오래 걸릴 뿐더러 배를 띄우는 데 연료도 많이 들고, 잡는 과정에서 값비싼 배가 손상되거나 심지어 인명 피해를 입을 위험도 있습니다. 북해에서 연어를 찾으러 다니는 대신 알을 모아 치어를 부화시키고, 우리에 넣고 잘 키운 다음 언제든지 손을 뻗어 다 자란 연어를 꺼내 올 수 있다면 어떨까요? 그리고 이 질문을 생선뿐 아니라 굴, 오징어, 게, 새우, 랍스터

같은 모든 종류의 해산물을 대상으로 던져 보면 어떨까
요? 온 바다를 누비며 바다 생물들을 잡으러 다니는 대
신 우리와 울타리, 그물 안, 인공 연못, 농장에서 키우면
어떨까요? 그렇게 '양식업'이라는 새로운 산업이 탄생
하게 되었습니다.

　내가 아기였던 1969년, 노르웨이의 오베 그뢴트베드
와 시베르트 그뢴트베드 형제는 서부 해안의 히트라섬

근처에 그물을 치고 그 안에 어린 연어 2만 마리를 풀어 놓았습니다. 노르웨이 연어는 쑥쑥 자라 피오르의 잔잔한 물속에서 번성했습니다. 그륀트베드 형제는 그물을 끌어 올려 그 안에 들어 있는 연어를 잡아 팔았고, 첫해부터 바로 이익을 냈습니다.

1990년이 되자 노르웨이 피오르 양식장 울타리 안에 사는 연어가 1년 동안 바다에서 낚는 연어보다 100배나 더 많아졌습니다. 노르웨이 양식업은 5년 만에 연어 생산량을 두 배 늘렸고, 2000년에는 다시 두 배로 늘릴 수 있었지요.

그러나 우리와 그물 같은 울타리 안에서 연어를 키우는 데는 비용이 듭니다. 전통적인 고기잡이는 몇 가지 면에서는 더 낫습니다. 어부가 잡을 때까지 물고기는 바다에서 독립적으로 살아갑니다. 스스로 부화하고, 스스로 먹이를 잡아먹고, 스스로의 노력에 따라 성체로서 살아남거나 살아남지 못합니다. 반면 양식장에서 연어를 키울 때는 알을 부화시키고, 먹이를 주고, 목욕시키고, 예방 접종을 하고, 약을 먹이고, 건강 상태를 확인한 다음 꼬리표를 달아 이곳저곳으로 옮겨야 합니다. 물고기는 인간보다 다섯 배는 자주 배설물을 배출하기 때문에 엄청난 양의 물속 배설물을 청소해야 합니다.

사실 1990년 이전에 야생 해산물의 전 세계 포획량은 증가하고 있었습니다. 1969년과 1990년 사이에 거의 두 배가 되었거든요. 그 대부분을 차지한 것은 바다 깊은 곳에서 잡은 대구와 명태, 그보다 조금 위쪽에서 잡은 참치, 고등어, 청어였습니다. 그렇게 잡아들이다 보니 많은 국가에서 야생 어류가 줄어들었고, 양식업은 꽤 괜찮은 아이디어로 보였습니다. 바다에 서식하는 각종 어류의 자연 개체수에 부담을 주지 않으면서도 점점 늘어가는 인구를 먹일 수 있는, 좋은 단백질 공급 방법이었으니까요.

1990년은 노르웨이에서뿐만 아니라 전 세계적으로 어업에 큰 변화가 생긴 해였습니다. 1990년과 지금 이 순간 사이에 전 세계 해산물 생산량은 두 배로 증가했지만, 바다에서 잡아 올린 물고기의 양은 변하지 않았습니다. 현재 전 세계적으로 소비되는 생선의 절반 이상이 양식을 통해 공급된다는 의미입니다. 양식업은 지난 50년 동안 식량 생산량 증가에 중요한 부분을 차지했습니다. 우리가 5장과 6장에서 본 농업과 축산업의 생산량 증가와 비슷한 일이 어업에서도 일어난 것이지요.

1969년 지구상 모든 사람들이 먹은 해산물은 약 4000만 톤에 이르렀는데, 거의 대부분이 어류였습니다. 오늘날 매년 섭취하는 해산물의 총량은 그때에 비해 세 배가 늘었고, 50년 전에는 특별한 식재료로 여겼던 새우, 게, 굴 등을 일상적으로 먹고 있습니다. 이런 해산물의 대부분은 양식장에서 나옵니다. 동중국해의 갯벌에는 광대한 가리비 농장이 펼쳐져 있고, 벽으로 둘러싸인 인도네시아의 강어귀에서는 셀 수 없이 많은 새우가 커가고 있습니다.

양식업을 통해 해산물을 구하게 되면서 우리가 먹을 수 있는 바다 생물도 달라졌지만, 이는 바다에 살 수 있는 생물종을 바꿔 놓으면서 그들을 위협하기도 합니다. 물고기는 육지에 사는 동물에 비해 단백질 함량이 높은 먹이를 필요로 합니다. 단백질을 공급하기 위해 양식장에서는 작은 물고기를 갈아 사료를 만들어 큰 물고기에게 먹입니다. 사료가 되는 작은 물고기들은 육지에서 멀리 떨어진 외해에서 잡아들입니다.

연어 1킬로그램을 얻으려면 물고기 사료 3킬로그램이 필요합니다. 물고기 사료 1킬로그램를 만들려면 작은 생선 5킬로그램을 갈아 넣어야 합니다. 이렇게 되면 양식장에 가둬 놓고 키우는 연어 1킬로그램을 위한 '비용'으로 바다에 사는 작은 물고기 15킬로그램이 필요해집니다. 현재 바다에서 잡은 어류의 약 3분의 1(대부분 멸치, 청어, 정어리 등 작은 생선류)은 갈아서 어분魚粉으로 만들어진 후 양식장에 사는 큰 어류의 먹이로 사용됩니다. 그런데 양식업에 사용하기 위해 바다에서 작은 물고기를 마구잡이로 잡아들이면 돌고래, 바다사자, 혹등고래와 같은 바다 동물의 먹이가 줄어들게 됩니다.

　양식업 이야기는 육류 생산 이야기와 너무 비슷해서 거의 장소만 바닷속으로 바뀌었다고 볼 수도 있을 것입니다. 땅에서 이루어지는 육류 생산 이야기가 배경만 달라진 채 그대로 되풀이됩니다. 짧은 생을 보낸 후 우리 배로 들어갈 수백만 마리의 동물을, 좁은 공간에 가둬 엄청난 자원을 새롭게 편성하는 일 말이지요. 그러니 고기와 마찬가지로 우리가 덜 먹는 생선 한 입이 그만큼 다른 누군가에게 돌아갈 몇 입이 될 수 있을 것입니다.

✳ ✳ ✳

　우리가 지난 50년간 알게 된 또 다른 사실이 있어요. 바다 밑바닥에 설치할 수 있는 것이 물고기를 키우기 위한 가두리 양식장만이 아니라는 것입니다.

구체적으로 말하자면, 녹조류, 홍조류, 갈조류 등의 해초는 잘라내면 원래 크기의 두 배, 세 배, 네 배로 다시 잘 자라기 때문에 원하는 만큼 수확한 후 다시 크게 키우는 과정을 되풀이할 수 있습니다. 중국 해안에는 수백만 제곱미터를 덮는 해초 숲이 바닷속을 떠다닙니다. 숲에 새 둥지 같은 것은 없지만, 이곳에서도 햇살은 부드러운 물결을 따라 흔들리는 해조류 덮개를 통과해 바닷속 군데군데로 스며들지요.

해조류는 천 년이 넘는 시간 동안 일본, 중국, 한국의 밥상에 올라왔습니다. 특히 잘 알려진 것은 '다시마'로 불리는 갈조류 라미나리아와 '김'으로 더 잘 알려진 광택 나는 홍조류 포르피라입니다. 양식업으로 인해 새우, 게, 참치, 연어가 인기를 끌게 되면서, 김은 초밥을 만들 때 사용하는 반짝이는 검은색 띠로 전 세계에 알려졌습니다.

지난 50년 동안의 양식업 발달로 인한 해조류의 생산량 증가는 어류의 경우보다 훨씬 극적입니다. 1969년에는 전 세계에서 200만 톤이 채 안 되는 해초가 수확되었는데, 오늘날 그 수치는 2500만 톤에 가까울 정도로 늘어났습니다.

　전 세계 연간 해조류 수확량의 약 절반 가까이는 음식으로 쓰이지 않습니다. 채취해 말리고 갈아서 농사용 비료로 사용하기도 하고, 또 상당 부분은 동물 사료로 씁니다. 나머지는 가공을 거쳐 화장품, 보습제, 샴푸, 치약, 윤활제, 잉크, 붕대 등 여러 제품에 첨가제로 사용되지요. 나머지 절반은 사람들의 음식에 사용되는데, 눈으로 보고는 해초라고 알아차릴 수 없는 경우가 많습니다.

　해조류는 매우 큰 분자 구조들로 이루어져 있는데, 물에 잘 녹아 걸쭉하고 진득거리는 용액을 만들어 줍니다. 해조류에서 추출할 수 있는 성분으로는 크게 알긴산, 한천, 카라기난 세 가지 종류가 있습니다. 이들은 거의 모든 용액을 걸쭉하게 만드는 데 사용되는 저칼로리 탄수화물입니다. 오늘날 우리가 먹는 아이스크림, 휘핑크림, 샐러드드레싱 중에는 우유, 계란, 크림 대신 해초를 사용한 경우가 많습니다.

　나의 어린 시절에는 쉽게 보기 어려웠던 것들을 지금은 어디에서나 만날 수 있는데, 어느 정도는 해초 분자 덕분일 것입니다. 누군가가 먹기 전까지 **수년간** 보관이 가능하고, 먹다 밀봉해 놓고 나중에 꺼내 먹어도 처음

맛을 그대로 유지하는 음식물들 같은 것 말이지요. 그 결과 몇백 미터만 가면 만나게 되는 편의점과 자동판매기에서도 수많은 사탕, 케이크, 파이, 도넛을 팔 수 있게 되었습니다. 그런가 하면 1969년에 발명되어 이후 사람들이 무언가 먹는 방식, 특히 마시는 방식을 완전히 바꿔 놓은 또 다른 화학 물질이 있습니다. 이 물질에는 비타민, 미네랄, 영양분은 들어 있지 않고 오직 칼로리만 들어 있습니다. 이제 우리의 삶을 참을 수 없을 정도로 달콤하게 만드는 이 물질에 관해 이야기하려 합니다.

8

설탕 만들기

　나의 아버지는 2016년에 돌아가셨어요. 그때 나는 46세였고 아버지는 92세였습니다. 지금도 아버지가 몹시 그리운데, 앞으로 몇 년이 더 지난다고 해도 아버지를 생생하게 기억할 것 같습니다.

　"맛있는 음식에는 콜라, 와우!" 자리에 앉아 코카콜라 한 잔을 **마실 때마다** 아버지는 이 말을 외치곤 하셨죠. 내가 어렸던 1970년대에는 탄산음료를 매일 마시지 않았고, 어머니가 집을 비워서 우리끼리 임시방편으로 저녁 식사를 할 때나 마시곤 했습니다. 콜라와 함께 먹는,

감탄할 만한 음식은 보통 달걀 스크램블이었습니다. 간호학교 저녁 수업을 듣느라 바쁜 어머니를 대신해 식사를 준비하기 위해 내가 첫 번째로 배운 음식이었지요. 일곱 살짜리 딸이 덜 익은 계란 요리가 담긴 접시를 내올 때마다, 여덟 살이 된 딸이 타 버린 팬케이크를 잔뜩 쌓아 가져올 때마다, 열 살이 된 딸이 물기 흥건한 파스타를 덜고 그 위에 깡통에 담긴 토마토 소스를 올릴 때마다 아버지는 "맛있는 음식에는 콜라, 와우!" 하고 크게 외치셨지요.

"맛있는 음식에는 콜라, 와우!"는 1956년 잠시 등장했던 코카콜라 광고 문구였지만, 이후 오랫동안 우리 가족 사이에서는 기회가 있을 때마다 울려 퍼질 터였습니다. 아버지는 내가 태어나기 13년 전 처음 이 광고 문구를 들으셨을 텐데, 그 후로도 40년 넘게 나에게 이 말을 반복해서 하셨지요. 이제 나는 미네소타 트윈스의 워밍업을 기다리며 타깃필드 야구장에 펩시 콜라를 들고 앉아 아들에게 이 말을 하곤 합니다. 더그아웃에 누가 있는지 살펴보면서 "맛있는 음식에는 콜라, 와우" 하고 외치던 외할아버지에 관한 여러 가지 일화를 들려줍니다. 특히 80세가 된 아버지가 손자인 내 아들이 태어났을

때 얼마나 기뻐하셨는지 이야기하지요.

＊＊＊

오래전 미국의 대부분 직업에는 힘든 육체노동이 필수적이었습니다. 이런 이유로 미국 여성들은 가족을 위해 고탄수화물 음식을 준비하느라 상당한 시간을 보냈습니다. 튀기거나 끓이는 음식은 빨리 만들 수 있었지만, 빵을 굽거나 통조림을 만들려면 시간이 오래 걸렸습니다. 파이, 쿠키, 케이크 같은 경우 준비하는 데에도 시간이 걸리지만 오븐에서 굽는 데에 또 상당한 시간을 필요로 합니다. 또 젤리, 잼, 각종 보존 식품을 만들기 위해서는 재료를 걸러 내고, 저어 주고, 살균하고, 밀봉하는 과정을 거쳐야 하기에 며칠까지는 아니더라도 반나절 내내 작업을 해야 했습니다. 여성이 집 밖에서 일하기 시작하면서 집안일을 할 수 있는 시간이 줄어들었고, 그 결과 빵 만들기처럼 시간이 많이 걸리는 활동을 제일 먼저 포기하게 되었습니다. 1950년에서 1975년 사이에 가구당 백설탕 구입량은 감소했습니다. 하지만 같은 기간 미국인이 매일 평균적으로 섭취한 설탕의 총량은 증가했습니다.

이 이상한 상황이 펼쳐진 것은 그 기간에 여성들이 어느 때보다 많은 디저트를 차려 냈다는 사실과 어느 정도 관련이 있습니다. 물론 이 디저트들은 집 밖에서 차려졌습니다. 1950년대 경제 호황기에 웨이트리스라는 새로운 일자리가 100만 개 이상 생겨났기 때문입니다. 미국의 비즈니스맨들은 일을 하기 위해 더 멀리 여행하게 되었고, 집 밖에서 식사하는 일이 많아졌습니다. 일 때문에 손님이나 고객과 함께하는 점심 역시 점차 늘어났습니다. 2005년이 되자 미국인들이 식당에서 섭취하는 칼로리가 전체 섭취 칼로리의 3분의 1을 차지하게 되었습니다.

그러나 미국 역사에서 새로운 당분의 가장 중요한 공급원은 '간편식품'이었습니다. 이 용어는 1950년대에 '제너럴푸즈'라는 식품 기업이 "구매와 보관, 개봉, 준비가 쉬운" 새로운 식품 및 음료 제품을 설명하면서 사용한 것입니다. 그 후 이런 조리 완료 식품과 간식이 미국 슈퍼마켓 전시대, 주유소 진열대, 자판기를 차지하게 되었습니다. 2010년 기준으로 미국인들이 음식과 관련해 쓰는 돈의 **절반**은 인스턴트식품과 관련되어 있습니다.

간편식에는 설탕이 잔뜩 들어 있습니다. 포장된 케이

크, 과자, 사탕 역시 기본적으로는 설탕을 바탕으로 만들어지고, 즉석식품에 간을 하느라 사용하는 치즈와 소스에도 설탕이 들어갑니다. 즉석식품에 사용되는 소시지, 베이컨, 햄에도 설탕이 들어가 있습니다. 오늘날 미국인들이 구매하는 식품 넷 중 셋은 설탕을 첨가해 소비자로 하여금 더 맛있다고 느끼도록 만든 것들이지요.

1970년대에 평균적인 미국인은 인스턴트식품에 첨가된 감미료 형태로 일주일에 거의 450그램의 설탕을 섭취했습니다. 그 후 수십 년 동안 미국의 근로 일수는 점점 더 길어졌습니다. 이에 따라 가정에서도 간편식에 더 많이 의존하게 되었고, 2004년 미국인의 평균 첨가당 섭취량은 주당 거의 700그램으로 사상 최고치를 기록했습니다.

"맛있는 음식에는 콜라, 와우!"라는 구호가 등장한 1956년은 지금으로부터 아주 오래전이지요. 이제 코카콜라 캔을 보고 누군가 "와우!" 하고 반응하는 시대를 떠올리기란 쉽지 않습니다. 1993년 코카콜라의 광고 문구는 거의 명령 같았어요. "언제나 코카콜라"라는 구호였고, 많은 미국인들의 냉장고에는 그 말처럼 거의 언제나 콜라가 들어 있었습니다.

2007년까지 미국인은 평균 43시간마다 펩시 또는 코카콜라 한 캔을 마셨고, 이후로 소비가 감소하기는 했지만 여전히 모든 미국의 남성과 여성 및 어린이는 평균 일주일에 1리터 이상의 콜라를 마시고 있습니다.

1962년에서 2000년 사이 급격하게 늘어난 설탕 소비의 대부분은 음식이 아닌 탄산음료, 스포츠음료, 과일주스, 레모네이드 등의 음료 형태로 이루어졌습니다. 1977년에는 사람들이 평균 이틀에 1캔 정도로 설탕이 든 음료를 마셨는데, 2000년에는 17시간마다 1캔으로 섭취량이 늘었습니다. 오늘날 당분이 든 음료는 사람들이 구입할 수 있는 가장 저렴한(그리고 가장 공허한) 칼로리원으로, 미국인이 소비하는 모든 칼로리의 10퍼센트를 차지합니다.

이미 100년 가까운 시간을 슈퍼마켓 진열대에 놓여있던 가당 음료 판매가 지난 50년 동안 그토록 급격하게 성장한 이유는 무엇일까요? 그 대답에 많은 사람들이 놀라리라 생각합니다. 우선 몇 년 동안 나쁜 기후가 이어졌던 어떤 시절로 거슬러 올라가 봅시다.

***

1972년, 끔찍한 가뭄이 지금 러시아 일대의 넓은 곡창지대를 덮쳤습니다. 몇 년 동안 비가 내리지 않아 사탕무 수확량이 급감하는 심각한 피해가 생겼지요. 이런 문제를 해결하기 위해 소련은 다른 나라로부터 곡물과 설탕을 수입해야 했고, 수십 년 만에 처음으로 전 세계 시장에 모습을 드러냈습니다.

러시아의 가뭄에 이어 허리케인 카르멘이 지구 반대편에 있는 열대 지방을 휩쓸었습니다. 허리케인은 카리브해를 가로질러 멕시코만으로 상륙해 푸에르토리코와 루이지애나의 사탕수수밭을 황폐화시켰습니다. 그 후 몇 년 동안 미국인들은 설탕 가격이 무섭게 치솟는 것

을 목격하게 됩니다. 전 세계 설탕 수요는 그대로 높은데 공급이 줄다 보니 나타난 현상이지요. 이런 대혼란 속에서 옥수수 전분 수출로 얻는 수익은 두 배로 높아졌습니다.

속대에서 떼어 낸 옥수수 낟알은 기름, 단백질, 전분 등의 여러 구성 요소로 정제할 수 있습니다. 옥수수 전분은 매우 단순한 구조의 화학 물질이어서 분

자 수백 개가 반복되며 모두 한 줄로 늘어서 있습니다. 크리스마스트리에 거는 기다란 종이 천사 고리와 비슷하다고나 할까요? 1960년대에 일본의 식품 과학자들은 옥수수 전분을 개별 단위로 자르는 방법과 포도당 분자를 비틀어 과당으로 만드는 방법을 발견해 냈습니다. 그 결과 등장한 최종 생산물은 알갱이가 아니라 시럽 형태의 당분이었습니다. 일반적으로 사용하는 정제 설탕에 비해 과당을 많이 함유한 시럽이었습니다. 과학자들은 이 결과물에 '액상과당'이라는 이름을 붙였습니다. 이는 영문명 'high-fructose corn syrup'(하이-프룩토오스 콘 시럽)의 이니셜을 따 HFCS라고도 합니다.

1974년 설탕 부족 사태에 당황한 미국은 항상 풍부하게 재배되는 옥수수를 통해 액상과당을 생산하기 시작했습니다. 미국이 세계 최대의 액상과당 생산국이 되기까지는 몇 년이 채 걸리지 않았습니다. 1982년까지 미국은 연간 1000톤 이상의 액상과당을 수출했습니다. 일반 설탕을 대체하기 시작한 액상과당의 사용량은 점차 늘어나 오늘날에는 미국인들이 섭취하는 당분의 3분의 1을 차지할 정도입니다.

사실 액상과당은 많은 면에서 일반 설탕보다 우수하

다고 말할 수 있습니다. 가장 중요한 점은, 액상과당이 이미 용해되어 있는 액체 형태이기 때문에 음료를 만들 때 이상적인 감미료 역할을 할 수 있다는 것입니다. 액상과당의 이점이 알려지면서 전분을 만들기 위해 비축하는 미국산 옥수수의 양은 극적으로 늘어났습니다. 2001년 미국에서는 옥수수 전분으로 연간 900만 톤 이상의 액상과당을 제조했으며 그중 95퍼센트를 간편식과 가당 음료를 만드는 데 사용했습니다.

액상과당이 일반 설탕보다 건강에 더 나쁘다고 밝혀지지는 않았지만, 일반 설탕과 액상과당을 아예 먹지 않는 것이 더 낫다는 사실은 분명합니다. 당분이 첨가된 음료를 끊고 물을 마시는 것에는 어떤 단점이나 위험이 없습니다. 일부 연구에 따르면 오히려 큰 이점이 있다고 합니다. 그리고 대중은 이런 사실에 반응했습니다. 2012년 미국의 탄산음료 판매는 2007년에 비해 12퍼센트 감소했으며, 총 설탕 소비량도 감소했습니다. 20년 전에 비해 설탕 사용량의 변화가 있긴 하지만 오늘날의 수치 역시 내가 어렸을 때인 1970년대에 비해선 여전히 두 배나 높습니다.

지금도 엄청나게 소비되고 있는, 오래된 형태의 일반

설탕으로 다시 돌아가 봅시다. 50년 전 우리는 이 설탕을 한 해에 약 6000만 톤 소비했습니다. 이후 전 세계의 설탕 소비는 거의 세 배로 증가했습니다. 올해 미국은 양키스 스타디움을 세 번 넘게 채울 수 있는 양의 설탕을 수입할 예정입니다. 그렇다면 우리의 접시 위에 올라오는 이 모든 당류를 비롯해 고기, 채소, 곡물, 달걀, 치즈에는 어떤 일이 일어날까요? 그것들은 어디에서 그 끝을 맞이하게 될까요?

음식의 최소 40퍼센트는, 곧바로 쓰레기가 되어 버려집니다.

9
모두
던져 버리기

'피그스아이Pig's Eye'('돼지의 눈'이라는 뜻이지요 - 옮긴이)라
고 불리는 미네소타주의 세인트폴 지역은 별명처럼 재
미있는 곳은 아닙니다. 매년 겨울이 되면 기온이 영하
로 내려가 온통 얼어붙는 날이 90일쯤 이어지고, 일주
일 정도는 영하 40도까지 내려가기도 합니다. 피그스
아이는 1840년에 생겨난 마을로, 그 이름은 당시 미시
시피 강둑에 굴을 파고 술을 만들어 거래하던 밀주업
자 피에르 '피그스아이' 파렌트의 별명에서 따온 것입니
다. 일 년 후 프랑스계 캐나다인 신부가 이 개척지의 이

름을 세인트폴로 바꾸고 그곳을 살고 싶은 느낌이 들게 만들려고 했습니다. 사람들이 꼭 그렇게 느껴야 할 필요는 없지만요. '세인트폴'이라는 이름이 매력적으로 들린다는 점은 인정해야겠네요. 비록 이 도시의 하수도 시스템에 관한 이야기는 아름답지만은 않지만 말입니다.

*　*　*

우리 입으로 들어가는 음식 가운데 질량의 약 10퍼센트는 단단한 폐기물 형태가 되어 몸 다른 쪽 끝으로 배출됩니다. 배설물은 소화기관을 통과하는 여정을 통해 완전하게 변형된 것입니다. 여기에는 음식물을 분해하는 데 도움을 준 박테리아가 엄청나게 많이 포함되어 있습니다. 우리 장에서는 이러한 박테리아가 많이 필요하지만, 아주 적은 수라도 박테리아가 입 근처로 올라오면 심하게 아플 수 있습니다. 평균적인 성인은 매주 약 1킬로그램의 대변과 15리터의 소변을 배출하는데, 이런 배설물은 모두 먼 곳으로 운반되어 즉시 정화 과정을 거치게 됩니다.

미네소타주 세인트폴의 주민 30만 명은 매일 약 36톤의 대변과 55만 리터의 소변을 배출합니다. 거대한 콘크리트 믹서 10대를 끝까지 채우기에 충분한 양의 대변과 별도의 콘크리트 믹서 100대를 채우기에 충분한 소변이 **매일** 세인트폴 하수도로 유입되는 것입니다. 세인트폴 주민들이 매일 만들어내는 배설물은 미국에서 매일 생산되는 전체 인간 배설물의 1퍼센트의 10분의 1에 불과합니다. 모든 오물은 미국의 하수구로 들어가 복잡하게 연결된 파이프와 펌프장을 통해 다양한 처리장으로 옮겨지고 거대한 정화조 안에서 온통 뒤섞입니다. 그중 액체는 가라앉거나 떠 있는 고체 상태 배설물과 분리되어 별도의 탱크에 채워집니다. 여기에 화학물질을 더하고 이것을 필터로 여과하면 만, 강, 습지 또는 다른 어떤 환경에 방출되어도 괜찮을 만큼 충분히 깨끗한 상태가 됩니다. 고형 배설물은 건조한 후 옮겨 태워 버립니다. 우리가 누리는 풍요는 쓰레기도 어마어마하게 만들었습니다. 평균적으로 미국인들은 40년 전보다 매일 15퍼센트 더 많이 음식을 먹게 되었고 그렇게 되면 15퍼센트 더 많은… 내가 무슨 말을 하려는지 여러분도 짐작할 수 있겠죠?

썩어 가는 폐기물에 대해 따져 보고자 한다면, 인간의 배설물에 머물지 말고 온갖 쓰레기까지 확장해서 생각해 봐야 할 것입니다. 사람들이 만들어 내는 엄청난 배설물에 더해 미국의 모든 가정, 학교, 기업, 병원에서는 버려지는 과일과 채소, 온갖 음식물 찌꺼기, 정원을 관리할 때 나오는 나뭇가지 등 매년 약 8000만 톤의 유기 폐기물이 발생합니다. 모든 OECD 국가에서 발생하는 이런 폐기물의 양은 연간 1억 5000만 톤에 이르고, 나머지 국가까지 모두 합하면 4억 톤에 가까운 양이 됩니다.

이 말은 세계 인구의 4퍼센트를 차지하는 미국이 전 세계 유기 폐기물의 15퍼센트를 만들어 낸다는 의미이기도 합니다. OECD 국가들(유럽 연합, 영국, 북미, 일본, 이스라엘, 뉴질랜드, 호주 등)은 모두 합쳐서 세계 인구의 15퍼센트를 조금 넘지만, 전 세계 유기 폐기물의 30퍼센트를 배출합니다. 나중에 에너지에 대해 이야기하면서 다시 한번 살펴보지요. 전 세계 인구의 일부분이 문제의 대부분을 발생시켜 왔고, 지금도 발생시키고 있습니다.

농장에서 재배된 식재료가 식탁의 접시로 옮겨 오는 동안 수많은 단계에서 음식이 낭비됩니다. 채소는 너무 크거나 작다는 이유로 폐기되고, 곡물은 컨베이어 벨트로 운반되는 와중에 쏟아져 내리고, 우유는 트럭으로

운반하는 도중에 상해 버리고, 과일은 진열장에서 물러
터지고, 고기는 포장된 채 유통기간을 넘겨 버리고, 저
녁 뷔페에서 남은 음식은 쓰레기통으로 향합니다. 더
많이 먹을수록 더 많이 버리게 됩니다. 1970년에 미국
인은 매일 150그램 정도의 음식을 버렸습니다. 오늘날
이 수치는 300그램으로 늘어났습니다. 미국 가정에서
매일 매립지로 보내는 쓰레기의 20퍼센트는 먹는 데 아

무런 문제가 없는 음식물입니다.

미국 슈퍼마켓의 효율성을 분석한 경영 컨설턴트들은 신선식품이 트럭 7대 중 1대꼴로 버려지고 있다고 추정했습니다. 트럭이 짐 내리는 곳에 도착하면 슈퍼마켓 직원들은 신선식품이 들어있는 상자를 내리고, 포장을 벗겨 식료품점 선반에 채워 넣습니다. 이 중 남은 것들은 수거해 쓰레기통에 넣고, 쓰레기통은 다시 대형 쓰레기 수거함에 비웁니다. 그리고 직원들은 다시 돌아서서 방금 들어온 트럭에서 물건을 내리기 시작합니다.

전 세계 음식 폐기물의 규모는 여러 면에서 우리가 필요로 하는 식량의 양에 맞먹습니다. 곳곳에서 낭비되는 곡물의 양은 인도에서 필요로 하는 연간 곡물량과 비슷합니다. 매년 낭비되는 과일과 채소의 양은 아프리카 대륙 전체가 필요로 하는 과일과 채소의 양을 넘어섭니다. 우리는 테니스화 한 켤레를 주문하면 지구 반대편에 있는 창고로부터 24시간 안에 받아볼 수 있는 시대를 살고 있습니다. 그렇다면 전 세계의 적절한 식량 재분배도 마땅히 가능할 테지요.

✳ ✳ ✳

곰고 썩는 음식이 수백만 톤씩 발생한다는 것도 심각하지만, 쓰레기에는 그 이상의 문제가 있다는 것을 기억해야 합니다. 우리가 버리는 쓰레기에는 엄청난 비극이 담겨 있습니다. 거의 10억 명의 사람들이 매일 굶주리고 있는데, 다른 10억 명의 사람들은 다른 누군가를 먹일 수 있는 음식을 의도적으로 버리고 있습니다. 먹을 생각이 전혀 없는 음식 때문에 숲과 깨끗한 물과 연료를 걸고 도박을 하고, 매번 그 도박에서 지고 있지요. 지구에서 짧은 시간 머물다 가는 수많은 식물과 동물이 사람들의 입맛을 만족시킨다는 명목으로 잡혀 멸종했습니다. 끝에는 우리도 이 멸종 이야기의 일부가 될지 모릅니다.

절반쯤 먹다 버린 음식을 쓰레기통에서 발견하면 도대체 왜 밭을 갈았을까 생각하게 됩니다. 왜 씨앗을 심고, 물을 주고, 토양에 비료를 뿌리고, 잡초를 뽑았을까요? 왜 수확기를 몰고, 탈곡기를 돌리고, 저장고를 채웠을까요? 왜 소에게 송아지를 낳도록 했을까요? 왜 송아지를 가축 사육장으로 데려가 키웠을까요? 왜 컨베이어 벨트에 식품을 올려 운반했을까요? 왜 냉장 시설을 손보고, 라벨을 디자인하고, 비타민C 함량을 계산하고,

상자, 병, 포장 용기에 담긴 고기, 빵, 과일, 설탕을 상점, 학교, 식당, 병원으로 실어 나르기 위해 도로를 포장하고, 자동차 기화 장치를 교체하는 것일까요? 왜 통로를 걸어 다니며 살펴보다 무언가 골라서 산 다음 자르고 으깨고 간을 해서 음식을 만드는 것일까요? 이러한 수고를 무릅쓰는 데에 우리는 인생을 바치고 있습니다. 거대한 전 세계 공급망을 제대로 작동시키기 위해 아침에 일어나 집을 나서서 일하고, 일하고, 또 일합니다. 그러고 나서 우리가 이루어 낸 모든 성과의 40퍼센트를 쓰레기통에 던져 넣는 것이지요.

시간을 되돌릴 수는 없습니다. 아이들은 자라나고, 우리 몸은 나이가 들면서 점점 쇠약해지고, 사랑하는 사람에게도 죽음이 찾아옵니다. 그런데도 우리는 그저 버리기 위한 목적으로 무언가를 만드느라 시간을 보냅니다. 우리가 음식을 쓰레기 매립지에 던져 버리면서 잃어버리는 것은 칼로리 그 이상입니다. 그것은 다른 사람의 생명을 던져 버리는 것이나 다름없습니다. 끊임없이 **풍요로움**을 추구한 결과, 우리는 공허하게 지쳐 버린 채 부족함의 한가운데에 있게 된 것입니다.

여기서 잠시, 우리에게 선택권이 있다고 가정해 봅시

다. 그리고 스스로에게 물어봅시다. 이것이 정말 우리가 원하는 삶의 방식인가요?

3부

에너지

친구여, 말해 보게.
그대가 베푸는 호의는 어떤 호의로도 보답받지 못했으니!
그대를 위한 구원은 어디에 있는가?

아이스킬로스(기원전 480년경)

10

불 켜기

내 물건 중에는 할머니로부터 물려받은 것이 하나 있습니다. 외할머니가 수십 년간 앞치마와 베갯잇, 퀼트, 성가대복, 블라우스, 침구를 꿰매고 바짓단을 늘이고 또 늘이는 데 사용하던, '싱어'라는 회사에서 만든 1929년산 재봉틀이지요. 어머니는 1950년대에 전동 재봉틀인 싱어 216G 모델을 샀습니다. 이번에는 전기의 도움을 받아, 어머니는 할머니에게 배운 것들을 내게 가르쳐 주었습니다. 옷가게에는 걸려 있지 않은 원피스를 머릿속으로 상상하는 방법을 알려준 것이지요. 몸 치수를 재고

신문지 위에 수치를 표시하는 법, 다트 와 주름을 고려해 적절하게 천 분량을 추가하는 법도 알려 주었습니다. 정확하게 측정하고, 한 번에 자르고, 핀으로 꼼꼼하게 고정한 후, 재봉틀을 돌리는 방법까지요. 블라인드 스티치 재봉법과 단춧구멍을 낼 때 사용하는 버튼홀러의 사용법을 알려 주었고, 문제가 생겼는데 달리 방도가 없을 때에는 노루발을 올리고 재봉하는 법을 가르쳐 주었습니다. 바늘이 손가락에 닿지 않도록 조심하고 머리카락이 손잡이에 감기지 않도록 하는 법도 배웠습니다. 작업이 다 끝나면 오래된 원피스에서 상표를 떼어 내 손바느질로 옷의 목 뒷부분에 달아 가게에서 산 것처럼 보이게 하는 방법도 배웠습니다.

막연한 꿈을 현실로 가져오는 법을 처음 알려 준 사람도 어머니였습니다. 지금 우리 집 거실 한구석에서 조금씩 녹슬어 가고 있는 1929년산 싱어 재봉틀을 통해, 내 어머니 역시 자신의 어머니로부터 이런 것들을 배웠을 것입니다.

평면적인 옷감을 입체적인 체형에 맞추기 위하여 허리나 어깨 따위의 일정한 부분을 긴 삼각형으로 주름을 잡아 꿰매는 일. 또는 그 줄인 부분. - 옮긴이

학교에서 수업을 할 때, 나는 물 끓이기에 관한 이야기를 즐겨 합니다. 최고의 교훈은 공감하는 경험에서 오는데, 이는 모두에게 익숙한 일이니까요. "여러분이 차를 한잔 마시고 싶다고 해 봅시다. 물을 데우는 데에 얼마나 많은 방법이 있을까요?" 학생들이 손을 들고 방법을 이야기하면 칠판에 목록을 적어 나갑니다. 전기 주전자, 가스 스토브, 전자 오븐 등이 나오지만 나는 답을 더 생각해 보라고 합니다. 누군가가 떠내려온 나무를 모아 불을 붙이는 법을 말하면, 다른 학생이 숯을 활용하는 바비큐에 관해 이야기합니다. 하와이에서 수업을 할 때에는 학생들이 종종 뜨거운 용암을 이용해 물을 끓일 수도 있으리라 추측하기도 했습니다. 또 어떤 학생은 햇빛을 초점에 모아 불을 붙일 수 있으니, 이렇게 해서 무언가를 태우는 대신 물을 데울 수도 있지 않겠느냐고 이야기했습니다.

"목적을 달성하는 방법에는 여러 가지가 있습니다. 같은 결과를 얻기 위해 다양한 다른 전략을 구사할 수 있다는 것이지요." 나는 학생들의 대답으로 만들어진 목록을 가리키면서 이런 교훈을 전하며 수업을 끝내곤 합니다. "전기, 가스, 목재, 석탄, 태양 등 방법에 따라 필요한 요소는 다르지만, 결론은 동일합니다. 물을 끓이기 위해서는 에너지가 필요하다는 것이지요."

물을 끓이는 것뿐 아니라 다른 많은 일을 위해 우리는 매일 에너지를 사용합니다. 집을 따뜻하게 혹은 시원하게 하기 위해, 밤에 불을 켜기 위해, 라디오로 노래를 듣기 위해. 50년 전에는 일상적으로 인간이 몸을 움직여 공급하던 에너지를 이제는 기계 모터가 제공합니다. 캐디는 골프 카트로 대체되었고, 손으로 꾹꾹 눌러 돌려야 했던 깡통 따개는 이젠 벽에 꽂은 플러그를 통해 전동으로 작동하며, 갈퀴로 낙엽을 긁어모으는 대신 청소용 송풍기로 낙엽을 날려 보내게 되었습니다. 부엌과 차고, 사무실과 공장에서 또 다른 크고 작은 사례를 수없이 찾을 수 있을 것입니다. 할머니의 재봉틀은 일상의 과제를 해결할 때 사용하던, 사람의 힘을 기반으로 한 대표적인 도구였습니다. 이 재봉틀은 어머니와 내가 사용하는 전기 재봉틀로 교체되었습니다. 전기 재봉틀도 이제 집에서는 거의 사라져 공장에서나 볼 수 있게 되었지요. 내 경우만 봐도 지난 몇 년 동안 집에서 옷을 꿰매거나 수선한 적이 없습니다.

요즘 사람들이 매일 사용하는 에너지의 총량은 내가

아이였던 1970년대에 비하면 세 배나 많아졌는데, 그 사이 전 세계 인구는 두 배만 증가했다는 사실이 의미심장합니다. 에너지의 상당 부분은 전기 형태로 소비되는데, 사용량은 가파르게 증가하고 있습니다. 사람들이 매일 사용하는 전기량은 50년 전에 비하면 네 배로 증가했습니다.

미국은 전 세계 인구의 4퍼센트밖에 차지하지 않으면서 전 세계 총 에너지 생산량의 15퍼센트, 총 전기 생산량의 20퍼센트를 쓰는 최고 에너지 소비 국가입니다.

1970년대 어린 시절을 보낸 미국인이라면 누구나 집에서 에너지를 절약하라는 이야기를 들었을 것입니다. 토요일 아침이면 〈스쿨하우스 록!〉 같은 텔레비전 만화 프로그램에서 "쓸데없이 켜져 있는 전등을 *끄라*"라는 말이 나왔고 당시 지미 카터 대통령은 자신이 백악관에서 하는 것처럼 가정용 난방 온도를 낮추고 집에서 스웨터를 꺼내 입으라고 했습니다. 로널드 레이건이 미국 대통령이 된 후로, 에너지 절약이 아니라 에너지 효율이 중요한 문제로 등장했습니다. 그 후 수십 년 동안 다양한 기계들이(특히 11장에서 더 자세하게 살피게 될 자동차가) 더 적은 연료로 더 많은 작업을 수행할 수 있는 완벽한 모습으로 등장했습니다. 하지만 일상생활 거의 모든 영역에서 사용하는 에너지의 양이 엄청나게 늘어나서 에너지 사용량 감소를 위한 전 세계적인 노력을 완벽히 상쇄해 버리고 말았습니다.

오늘날 우리는 에어컨이 설치된 스타디움에서 야구 경기를 즐기고, 계단이 한 층계 이상 있으면 올라가거나 내려가기 위해 엘리베이터를 자연스럽게 사용하며, 무릎 위에 올려놓은 책을 볼 때도 전류를 끌어다 씁니다. 노동을 위한 도구뿐 아니라 우리 풍경을 구성하는 일반적인 사물들도 에너지를 소모합니다. 편리함과 기분 전환, 휴식에 대한 욕구를 비롯해 우리를 이런 식으로 살게 만든 또 다른 형태의 **풍요**로 인해 지난 반세기 동안 거대한 변화가 일어났습니다.

나는 매 학기 학생들에게 똑같은 숙제를 내곤 합니다. "내일 아침부터 시작해 전기를 사용하는 모든 순간을 적어 보세요." 학생들은 집으로 가서 장난처럼 이 숙제를 해 봅니다.

학생들은 보통 아침 식사가 끝나기도 전에 최소 열 가지 상황을 발견합니다. 전등 스위치를 켜고, 헤어드라이어를 사용하고, 토스터기와 커피 머신의 전원을 작동시키지요. 그러고 나서 학교와 일터와 이런저런 사소한 일상에서 발견한 상황까지 다 기록하다 보면, 완전히 압도되어서 저녁 식사 무렵에는 기록을 포기하게 됩니다. 그런데도 놓치는 상황이 너무나 많습니다. 가다 서다 하는 길에 만나는 가로등, 샤워를 도와주는 온수 장치, 휴대전화와 노트북 컴퓨터뿐만 아니라 벽시계나 자동차 대시보드의 속도계와 같이 배터리의 도움을 받는 장치도 전기를 사용합니다.

그다음 수업 시간에는 다시 모여 일상을 일, 학교, 휴식, 가족이라는 네 부분으로 나누어 살펴봅니다. 각각의 영역에서 어떻게 냉난방을 하고 불을 켜면서 일상을 유지하는지 스스로에게 질문하도록 하지요. 나는 학생들에게 어려운 질문을 던집니다. 일하고 공부하고 놀고 다른 사람들과 함께하는 매일의 일상이 전기의 도움 없이 가능할까요?

전기는 기적과도 같은 발명품입니다. 어둠을 밝혀 해가 진 뒤에도 유용한 시간을 늘려 주었고, 간호사와 의사가 병원에서 사용하는 각종 도구를 살균할 수 있게 해 주었으며, 멀리 떨어져 있는 사람과도 소식을 주고받을 수 있도록 만들어 주었습니다. 태어난 이래 나는 이런 사치를 늘 누려 왔고, 너무나도 당연하게 여겼으며, 나와 마찬가지로 행동하는 사람들에게 둘러싸여 살았습니다. 한 가지 슬픈 사실은 지난 50년 동안 이런 전기의 혁신이 다른 많은 사람에게는 아무런 혜택을 주지 못했다는 것입니다. 이 책을 읽고 있는 독자들은 에너지를 엄청나게 많이 사용하는 세상에 대해서는 이미 너무나 잘 알고 있겠지만, 에너지를 너무 적게 사용하는 또 다른 세상에 관해서는 거의 알지 못할 것입니다.

30년 전 지구상에는 전기의 혜택을 전혀 보지 못하는 사람이 10억 명 이상이었습니다. 오늘날에도 그런 사람이 여전히 10억 명이 넘습니다. 같은 기간 전 세계 인구가 40퍼센트 증가했으니, 전체 인구에서 빈곤에 처한 사람들이 차지하는 비율은 크게 감소했다고 볼 수 있겠죠. 그럼에도 가난과 결핍으로 고통받는 사람은 여전히 많습니다. 지구상 인구 10명 중 1명은 빈곤 속에서 살고 있습니다.

결핍을 보여 주는 전 세계 지형도는 놀랍게도 지난 50년 동안 큰 변화가 없었습니다. 전 세계의 기아, 위생, 질병과 가난에 관한 각종 통계 자료를 살펴보면 오랜 기간 자원 수탈과 착취를 경험한 아프리카 대륙에서 문제가 특히 심각하고, 지속적인 해결책도 부족합니다.

아프리카 북쪽에 펼쳐져 있는 사하라 사막은 세계에서 가장 넓고 뜨거운 사막입니다. 아프리카 대륙을 반으로 나누는 장벽이기도 하지요. 사하라 사막 남쪽에는 48개 나라가 개별적으로 존재하며, 각국이 자체적으로 정부와 법률 체계를 갖추고 있습니다. 여기 사하라 사막 아래의 아프리카 인구는 총 10억 명으로, 전 세계 인구의 13퍼센트가 조금 넘습니다. 그런데 지구상에서 전기 없이 사는 사람들의 절반 이상이 이곳에 거주합니다. 이 지역은 깨끗한 물 없이 살아가는 전 세계 인구 절반과 위생적인 하수도 시설 없이 사는 전 세계 인구 3분의 1의 고향이기도 합니다. 이러한 수치 이면에 자리한 사실을 알아봅시다. 사하라 사막 이남 아프리카의 인구는 지난 50년 동안 세 배 이상 증가했지만, 이 지역에서 생산된 상품과 서비스에 부여된 가치는 매우 낮을 뿐 아니라 증가하지도 않습니다.

매일 전 세계의 여성과 남성들은 무언가 가치 있는 것을 생산하기 위해 여섯 시간, 여덟 시간, 열 시간, 아니 그 이상을 일합니다. 그러나 이런 개인의 생산물에 부여되는 금전적 가치는 수요와 공급, 역사와 탐욕 같

은 요인들이 복잡하게 얽혀 형성됩니다. 청바지 서른 벌을 바느질하고, 까다로운 외과 수술을 하고, 아이에게 글을 가르치는 일은 똑같이 하루 종일 걸리는 노동이지만 옷 한 상자, 성공적인 수술, 글을 읽는 아이라는 각각의 결과물에 대해 세계 시장이 부여하는 가치는 큰 차이가 납니다.

2019년을 기준으로 지구상의 모든 사람들이 매년 만들어 내는 노동 생산물의 가치(가격)는 약 80조 달러에 달합니다. 1969년 약 20조 달러에서 지난 50년 동안 네 배로 증가한 것이지요. 미국과 EU 국가에 살고 있는 10억 명의 노동 가치는 약 40조 달러로, 전 세계에서 생산되는 가치의 절반을 차지합니다. 이와 대조적으로, 사하라 이남 아프리카에 살고 있는 10억 명의 노동 가치는 2조 달러가 채 안됩니다. 이 말은 세계 인구의 13퍼센트를 차지하는 사하라 이남 아프리카 지역이 전 세계 경제 가치의 2퍼센트를 생산한다는 의미입니다. 반세기 전 내가 태어났을 때 사하라 사막 이남 아프리카 지역의 노동 가치 역시 전 세계의 2퍼센트에 불과했습니다. 미국과 유럽에서 노동의 가치가 네 배 증가한 반면, 사하라 사막 이남 아프리카에서 노동의 가치는 그때 그대로 유지된 것입니다.

  또 다른 10억 명의 고향인 인도에는 다른 종류의 문제가 있습니다. 내가 태어난 1969년 이후 인도에서 매년 생산되는 재화와 서비스의 총 가치는 폭발적으로 증가했습니다. 인구는 세 배 정도밖에 증가하지 않았지만 경제 가치는 1000퍼센트 이상 증가했습니다. 하지만 시장 가치의 폭발적인 증가에도 불구하고 인도의 빈곤 수준은 거의 변하지 않았습니다. 전 세계의 부가 인도로 쏟아져 들어왔는데, 인도 시민 수억 명은 그 어떤 혜택도 받지 못한 것입니다.

  인도와 사하라 사막 남쪽은 상황이 거의 비슷한데, 두 지역 모두 전 세계에서 생산되는 에너지를 거의 소비하지 않습니다. 두 지역의 인구를 합치면 세계 인구의 33퍼센트를 차지하는데, 전기 소비량은 세계 전기 생산량의 10퍼센트 미만입니다. 전 세계 인구 중 전기를 사용할 수 없는 사람들 대부분이 인도와 사하라 사막 이남에 살고 있습니다. 요리나 청소를 할 때마다 나무에 불을 피워야 하고 해가 진 후 켤 수 있는 전등이 없다면, 학교에 가거나 공부를 하는 일이 가능할까요? 인도와 사하라 사막 남쪽에 자리한 국가의 성인 여성 대부분이 글 읽는 법을 배운 적이 없다는 사실이 놀랍지 않은 것은 이런 이유 때문입니다.

부유한 OECD 국가들은 지구 반대편에서 끝없이 확장을 시도해 거주 가능한 지구상 토지 면적의 거의 절반을 차지했고, 이런 지역에서 사람들은 꽤 풍족하게 살아갑니다. OECD 국가에 살고 있는 전 세계 인구의 15퍼센트가 매년 만들어 내는 물건과 서비스 가치의 총액은 나머지 지역에서 만들어 내는 가치의 두 배에 이릅니다. 물건이나 서비스를 만들어 내며 평범한 삶을 누리는 15퍼센트의 사람들이 전 세계 연료의 40퍼센트와 전 세계 전기 생산량의 절반을 소비합니다.

에너지 소비의 불균형은 간단한 산수로 살펴볼 수 있습니다. 오늘날 사용되는 모든 연료와 전기를 지구상의 80억이 넘는 인구에게 균등하게 재분배한다면, 각 사람의 에너지 사용량은 1960년대 스위스 사람들의 평균 에너지 사용량과 거의 비슷할 것입니다. 6장에서 음식과 관련해서 살펴보았던 상황에, 이제 에너지를 대입해 봅시다. 이 세상의 모든 결핍과 고통, 그 모든 문제는 필요한 만큼을 생산해 내는 지구의 능력이 부족해서가 아니라 나눠 쓰는 우리의 능력이 부족해서 발생합니다.

이 책을 쓰기 위해 조사와 연구를 시작했을 때 희미한 북소리처럼 들리던 것이 이제는 내 머릿속에서 주문처럼 울려 퍼지고 있습니다. **덜 소비하고 더 많이 나누라.** 이후 13장에서 다시 살펴보겠지만 우리 자신으로부터 스스로를 구해 주는 마법 같은 기술은 없습니다. 소비를 줄이는 것이야말로 21세기에 우리가 궁극적으로 노력해야 하는 목표입니다. 덜 사용하고 더 많이 나누는 것이야말로 우리 세대가 직면하게 될 가장 큰 도전입니다.

당황스러울 정도로 어려운 제안이라, 실현이 가능할까 싶을 것입니다. 하지만 이것만이 우리를 이 혼란 속에서 구하는 시작점이 될, 유일하고 확실한 방법입니다.

11

움직여 다니기

가끔 나는 비행기 이륙이 늦어졌을 때 엉뚱한 공상에 잠기곤 합니다. 가령 뉴어크 리버티 국제공항 활주로에서 미니애폴리스로 향하는 비행기 좌석에 안전벨트를 하고 앉아 있는 지금, 만약 내가 여기서 내리면 무엇을 할 수 있을지에 대해 이렇게 저렇게 생각해 보는 것이지요. 만일 비행기를 타는 대신 200명에 이르는 승객 모두가 200대의 별도 차량에 탑승해 각자 뉴저지에서 미네소타까지 운전해 간다면, 모두 한 대의 비행기로 날아가는 것에 비해 40퍼센트의 연료를 아낄 수 있을 것입니다. 모두가 자동차를 사용하는 대신 여객 열차를 탄다면, 엄청난 연료를 소비하는 비행기를 탈 때에 비해 절반의 연료를 사용하게 되고, 각자 열네 시간에 이르는 이동 시간을 절약할 수 있을 것입니다. 물론 연료 효율성이 가장 좋은 선택은 아예 이동을 하지 않고 집에 그대로 있는 것입니다. 하지만 사람들은 점점 더 많이 비행기를 타게 되었습니다. 2019년 미국 사람들은 2003년에 비해 연간 200만 번 더 많이 비행기로 이동했는데, 그 비행의 대부분은 출장을 위해서였습니다. 코로나19 대유행은 해외 여행을 꺼리게 만들어서, 2020년 첫 달에 해외 항공편은 2019년 수준의 7퍼센트로 급감했습니다. 그러나 1년 안에 비행기가 다시 이륙을 시작했고, 지금 이 글을 쓰고 있는 2019년 현재 비행기들의 하루 총 비행 거리는 팬데믹 이전 수치의 절반 이상으로 돌아갔습니다.

우주선을 타고 지구 표면에서 발사될 때를 제외한다면, 비행기를 타고 날아가는 것은 가장 자원 집약적으로 시간을 보내는 방식일 것입니다. 평균적으로 미국 자동차는 리터당 약 13킬로미터를 갈 수 있습니다. 비행기는 리터당 30미터를 움직입니다. 자동차와 기차는 세계 대부분의 나라에서 최대 시속 130킬로미터 정도로 움직이지만, 비행기는 다른 이동 수단보다 다섯 배에서 열 배 더 빠릅니다. 그래서 비행기는 장거리 이동 시 가장 선호하는 운송 수단이 되었습니다.

아주 먼 거리를 규칙적으로 이동하는 것은 이제 일상이 되었는데, 우리 조부모 시대에는 상상할 수 없었던 일입니다. 1970년 자료를 보면 항공사들이 매년 3억 명이 조금 넘는 승객을 실어 날랐고, 그중 거의 90퍼센트는 OECD 국가가 출발지거나 목적지였습니다. 오늘날 전 세계 항공사들은 40억 명의 승객을 태우고 멀리 날아올랐다가 다시 돌아오곤 합니다. 2019년에는 1970년보다 열 배 이상 많은 사람들이 잠시 다른 풍경 속에서 일을 하거나 휴식을 취하기 위해 비행기로 장거리 여행을 했습니다.

시속 190킬로미터가 넘는 속도로 달리는 고속열차는 장거리 여행에서 항공사와 경쟁할 수 있는 유일한 운송 수단이지만 사람들은 육로 여행에 필요한 추가 시간이 30분을 넘어갈 경우에는 차라리 비행기를 타곤 합니다. 게다가 미국에서는 지난 20년 동안 철도 산업이 계속 쇠퇴했습니다. 미국은 철도의 총 편수와 길이가 줄어들

고 있는 몇 안 되는 나라 중 하나입니다.

　물론 자동차를 이용할 수도 있습니다. 이 책을 쓰며
내가 갖고 있는　단 한 가지 편견을 밝히자면, 나는 자
동차를 매우 싫어합니다. 나는 모든 자동차를 싫어하는
동시에 특정 자동차들을 싫어합니다. 자동차가 나를 싫
어하기 때문에 나도 자동차를 싫어합니다. 나는 자동차
를 믿지 않으며 앞으로도 그럴 것입니다. 나는 형편없

는 운전자이기도 한데, 이것은 명백히 자동차의 문제이기도 합니다. 개인적으로 자동차를 싫어하는 것은, 자동차가 내가 사랑하는 사람들을 괴롭히는 것을 평생 무기력하게 지켜봐 왔기 때문이기도 합니다. 나는 고장 나고 부서지고 믿을 수 없는 자동차에 둘러싸여 자랐는데, 어른이 되어서도 그런 차들을 만나게 되었습니다.

자동차를 싫어하는 여러 합리적인 이유도 있겠지만 그중 가장 중요한 이유는 자동차가 터무니없이 위험하다는 것입니다. 쓸모가 없었다면, 자동차는 분명 큰 사회 문제로 간주되었을 것입니다. 매년 살인과 자살로 인한 전 세계 사망자를 합친 것보다 더 많은 사람들이 교통사고로 사망합니다. 사람들은 살인과 자살을 비난하고 이를 없애거나 최소한 줄이려고 노력하지만, 작동하는 동안 사람들을 해치기 쉬운 자동차는 계속 만들고 또 팔아 댑니다.

자동차를 너무 싫어하다 보니 현재 전 세계에 10억 대에 가까운 승용차가 존재한다는 사실에 씁쓸해집니다. 미국은 여전히 지구상에서 가장 과도하게 자동차 위주의 문화를 보여 주는 나라입니다. 미국에서는 매년 600만 대의 신차가 팔립니다. 2017년 미국의 자동차 수는 인구보다 50퍼센트 더 많습니다. 뉴욕시를 방문하면 세상 모든 사람들이 지하철을 타고 다니는 것처럼 보이지만, 실제로는 미국인의 5퍼센트만 매일 대중교통을 이용합니다. 나머지 사람들은 어디를 가든 자가용을 운전합니다.

운전을 하고 또 운전을 하고 꼬리에 꼬리를 물고 운전을 합니다. 어떤 사람들은 매일매일 하루 종일 운전합니다. 대부분의 경우 출퇴근을 하느라 차를 몰고 다닙니다. 미국 성인의 85퍼센트가 차를 몰고 일하러 가는데, 그런 사람들의 4분의 3은 혼자 차를 타고 갑니다. 미국인들은 예전에 비해 훨씬 더 긴 시간 일하게 되었고 또 더 멀리까지 차를 몰고 가 일하게 되었습니다. 미국의 직장인들은 10년 전에 비해 평균적으로 매년 21시간 더 일합니다. 자동차를 타고 휴가를 가고 누군가를 방문하고 관광을 하지요. 그러나 대부분의 경우 자동차가 하는 일이란, 사람들이 차에 더 많이 연료를 채워 넣고 더 많이 일하기 위해 사랑하는 사람들로부터 더 멀리 떨어져 있게 만드는 것입니다.

미국인들은 매년 엄청난 거리를 운전하고 있습니다. 2015년에는 총 운전 거리가 지구에서 명왕성까지(지금

명왕성은 태양계 행성의 자리에서 퇴출되었지만요) 500번 왕복할 정도였습니다. 미국인들이 매일 자동차 안에서 보내는 시간은 평균적으로 한 시간 정도 됩니다. 앞으로 3년 동안 미국의 모든 여성과 남성, 아이들은 적어도 한 번쯤은 지구 한 바퀴 정도의 거리를 차로 이동할 것입니다. 우리는 인생의 상당 부분을 자동차에서 보냅니다. 자동차가 우리를 불구로 만들거나 죽음으로 몰고 갈 때까지 말입니다.

자동차가 인간이라는 생물체에 널리 퍼진 전염병, 기쁨을 앗아가는 흉악무도한 역병일 수도 있다고 가정해봅시다. 지금 살고 있는 곳을 감안할 때, 여러분이 원한다고 해도 가족들이 과연 자동차를 포기할 수 있을까요? 걷거나 자전거를 타거나 대중교통을 이용해 음식을 사러 가거나 학교에 가거나 병원에 가는 등의 이런저런 기본 생활을 누릴 수 있을까요? 대부분의 미국 가정에서는 이런 일이 비현실적인 것은 말할 것도 없고 아예 불가능할 것입니다. 미국 사회는 기본적으로 자동차를 필요로 하고 이런 삶의 기본 전제는 우리 생각보다 훨씬 덜 유연합니다. 뭐라 설명하기 어려운 **풍요**를 추구하는 동안, 우리는 스스로를 금속으로 만든 상자 안에 가두어 버렸습니다. 차창 너머로 서로를 바라보며, 수많은 다른 금속 상자들 속에 끼어서 오고 가느라 아침과 저녁 시간을 보내고 있습니다.

***

포드는 1908년 최초의 가족용 자동차로 '모델 T'를 출시했지만 1950년대까지는 자동차가 별로 인기를 끌지 못했습니다. 당시에는 자동차 엔진을 작동시키기 위해 엄청나게 많은 휘발유가 필요했습니다. 1974년 고속도로에서 당시의 제한 속도인 시속 90킬로미터로 달리는 평균적인 미국 승용차는 매일 욕조 하나를 꽉 채울 분량의 휘발유를 사용했습니다. 당시 미국은 중동과 북아프리카 국가를 중심으로 하는 석유수출국기구OPEC의 12개 회원국에서 원유의 대부분을 수입했습니다.

1973년 OPEC 회원국들이 모여 미국에 대한 석유 수출 중단을 결정했고, 하룻밤 사이에 휘발유 가격이 네 배로 뛰었습니다. 특정 자원에 전적으로 의존하는 것이 어떤 의미인지 미국은 온 나라가 휘청거릴 정도로 충격을 받으며 깨닫게 되었지요. 이에 대한 대응으로 미국의 자동차 엔지니어들은 승용차를 새롭게 설계해 수입 석유에 대한 의존을 줄이려고 했습니다. 1980년이 되자 자동차 엔진의 효율성은 50퍼센트 증가했고, 리터당 8.5킬로미터를 달리게 되었습니다. 자동차가 5년 전에 비해 평균적으로 20퍼센트 가벼워졌기에 가능한 일이었습니다(좀 더 가벼운 금속체를 움직이는 데에는 연료가 덜 드니까요).

자동차의 엔진은 1970년대에 개선되었고, 자동차 산업이 연비를 중시하게 되면서 그 막대한 이점이 나타났습니다. 비행기는 1970년에서 1980년 사이에 연료 효율이 40퍼센트나 향상되었는데, 유가가 예전처럼 떨어진 후 항공사는 더 많은 미국인들이 장거리 여행을 할 수 있도록 계속해서 노선을 확장했습니다.

이 무렵 밝은 미래를 향해 나아갈 수 있는 갈림길이 나타났습니다. 미국인들이 가족당 차 한 대만으로 생활하고 집 가까운 지역에서 쇼핑을 하고 비행기를 덜 탔다면, 수십 년 동안 공학과 기술의 발전으로 자동차의 효율성이 더욱 향상되며 에너지 사용량이 감소했을 것입니다. 하지만 우리는 이 길을 선택하지 않았습니다.

✳ ✳ ✳

오늘날 자동차의 평균 출력은 약 230마력으로 구식

포드 모델 T의 열 배 이상, 1980년대 자동차 평균의 두 배 이상입니다. 미국 가정에서 미니밴과 SUV, 픽업트럭을 일상적으로 사용함에 따라 자동차는 훨씬 더 무거워졌습니다. 2000년이 되자 미국의 고속도로는 1970년대 링컨 콘티넨털과 포드의 그랜토리노만큼 덩치 크고 무거운 차량으로 다시 가득 찼으며, 이런 차량은 리터당 10킬로미터 정도의 연비여서 실제 평균 연비는 20년 전보다 더 **낮아졌다**고 볼 수 있습니다.

이것이 전부가 아닙니다. 미국인들은 자동차를 더 많이 사서 몰고 다녔고, 1970년에 비해 지금은 두 배나 많은 거리를 운전해 다니고 있습니다. 그 결과 21세기에 들어 수입 석유에 대한 미국의 의존도는 그 어느 때보다 높아졌고, OPEC 국가와의 관계는 아마도 우리가 겪어 본 것 중 최악일 것입니다. '이 정도면 충분하다'라고 판단해 다른 길로 갈 수도 있었을 텐데, 선택권이 주어졌을 때 우리는 다시 '넘칠 듯 풍요로운 것이 좋다'는 길을 선택합니다. 1970년대와 1980년대에 연료 사용량을 절반으로 줄여 가며 효율성의 기적을 이루어 냈지만, 자동차를 더 많이 만들어 내고 이런 자동차를 더 많이 타고 다니며 석유 자립의 기회를 잃어버렸습니다.

1970년에서 2019년 사이에 미국인이 크고 작은 도로와 고속도로, 주간 고속도로를 따라 자동차를 몰고 다닌 이동 거리는 600억 킬로미터를 넘어섰습니다. 물론 2020년은 코로나19 감염 위험으로 학교와 직장이 폐쇄되어 많은 미국 사람들이 집에서 일하고 공부할 수밖에 없었던 이상하고 끔찍한 해였습니다. 그럼에도 불구하고 초기 보고서에 따르면 2020년 상반기 동안 1인당 자동차 주행 거리는 단지 10퍼센트 정도 감소했습니다. 미래가 어떻게 펼쳐질지 아무도 장담할 수는 없지만, 학교와 직장의 문이 다시 열리고 새롭게 발견한 각종 '배달'의 즐거움에 빠지게 된 덕에 차량 주행 거리는 코로나19 이전 수준으로 되돌아갈 가능성이 높습니다(실제로 코로나19 팬데믹이 지난 2021년부터 주행 거리는 다시 이전 수준 이상으로 올라갔습니다 - 옮긴이).

　　미국인들만 자동차를 운전하는 것은 아니지요. 1990년에서 2019년 사이에 중국인들은 미국인들과 비슷하게 연간 500억 킬로미터에 이르는 거리를 자동차로 달렸습니다. 그 누구보다 앞서 나가는 곳은 인도인데, 매년 5000억 킬로미터의 이동 거리를 추가하고 있습니다.

1970년에서 2019년 사이 미국, 인도, 중국 세 나라의 총 운전 거리의 증가로 최소 1조 5000억 리터의 연료가 필요했습니다. 미시시피강 스물네 곳에서 한 시간 동안 흘러내릴 정도의 어마어마한 양입니다.

자동차의 엔진을 움직이고 다시 또 움직이게 하기 위해 쏟아붓는 미끌거리는 검은 기름에는 그 나름의 이야기가 있습니다. 이 이야기는 엄밀하게 말하자면 인류 역사의 첫 장보다 수백만 장 더 앞선 곳으로, 아주 오래 전으로 거슬러 올라가야 합니다.

12

우리가
태워 버린 식물들

옛날 옛적에 아주 넓고 헤아릴 수 없이 깊은 바다가 있었습니다. 넘실대는 파도 아래에서는 짭짤한 소금물을 엄청나게 내뿜는 해류가 소용돌이쳤습니다. 짙은 어둠 속, 바다 밑바닥은 위쪽에서 움직이는 생물체들의 숨이 끊어져 사체가 가라앉아 내려오기를 조바심 내지 않고 기다리고 있었습니다.

이곳은 판탈라사해라고 불렸고, 그곳에서 헤엄치는 생물들은 모든 방향으로 끝없이 펼쳐져 있는 이 축축한 세계가 세상의 전부라고 믿었습니다. 판탈라사해의 생물체는 우리가 알고 있는 지금의 해양 생물체와는 전혀 달랐습니다. 턱 없는 물고기가 무리를 지어 돌아다니며, 물컹거려서 이리저리 흔들리는 몸을 의지할 곳을 찾았습니다. 수없이 많은 연체동물들이 아가미를 힘차게 펄떡거리며 영원히 바다 속에서 떠다닐 것처럼 헤엄쳤습니다. 돌돌 말린 껍질을 지닌 오징어는 몸을 움츠려 물을 뿜어 내며 앞뒤로 움직였습니다. 해저에 뿌리를 내린 바다나리는 하늘거리는 꽃잎 같은 팔로 바닷물을 걸러서, 떠다니는 작고 약한 생물체를 잡아먹곤 했습니다.

판탈라사해는 오늘날 태평양보다 훨씬 더 크긴 했지만, 끝없이 펼쳐진 것은 아니었습니다. 지구의 다른 한편에는 테티스해가 자리 잡고 있었는데, 짠맛 나는 녹조류가 두껍게 자라났고 작은 동물들이 이런 해초를 뜯어 먹고 있었지요. 끈적이는 초록색 바다에는 거품으로 몸을 감싼 아메바가 떠다녔고, 구멍이 숭숭 뚫린 산호는 몸을 고정하고 앉아 저녁거리가 지나가기를 기다렸습니다. 작은 바닷말은 햇빛에 몸을 드러내고 저 먼 산맥에서 흘러 내려온 흙모래를 통해 영양을 공급받았습니다.

판탈라사해와 테티스해 사이에는 광대한 대륙이 생

졌고, 강물이 흘렀으며, 화산으로 곳곳에 구멍이 났습니다. 그곳은 다양한 생명체의 고향이 되었습니다. 이 대륙의 중심부 가까이에는 루르 숲이라고 하는 숲이 있었는데, 이곳은 우리가 알고 있는 숲과는 전혀 다른 모습이었습니다.

높이가 10미터에 이르는 루르 숲의 나무는 포자를 만들어 떨어뜨리는 양치류로 덮여 있었습니다. 좀 더 큰 나무들은 30미터에 이르는 쭉 뻗은 줄기를 자랑하며 뾰족한 바늘 모양의 잎을 별처럼 달고 고요히 서 있었지요. 이 나무들은 전체가 다 목질로 되어 있는 것은 아니었고, 한가운데는 텅 비어 있었습니다. 겉도 나무 껍질로 덮인 것이 아니어서 페이즐리 문양˙처럼 온통 상처가 남아 있었습니다. 더 이상한 것은 어디에서도 꽃을 찾아볼 수 없다는 것이었지요. 꽃이라곤 단 한 송이도 볼 수 없었고, 꽃이 진 후 열리는 열매도 없었으며, 이보다 앞서 존재해야 할 꽃가루도 찾아볼 수 없었습니다.

이끼가 카펫처럼 덮고 있는 루르 숲에서는 거대한 노

˙ 물방울이나 짚신벌레 형태가 반복되는 무늬로, 고대 페르시아에서 유래했습니다. - 옮긴이

래기가 떨어진 잎을 갉아 먹으며 땅속으로 파고 들어갔습니다. 이곳의 생명체는 이상한 모양을 하고 있어서, 등딱지가 없는 거북이 몸으로 낙엽을 밀고 지나갔고 갈매기만큼이나 거대한 잠자리가 축축한 대기 속을 배회했습니다. 대양저의 퇴적물이 쌓이는 것처럼, 세월이 흐르며 늪 같은 숲 아래로 진흙이 점차 쌓여 갔습니다. 한 해 한 해, 동식물의 사체를 어떠한 판단도 편견도 없이 받아들이고, 그것들과 하나가 되어 가면서 말이지요.

* * *

허구로 들릴지도 모르는 이 이야기는 환상 속 동화가 아닙니다. 판탈라사해, 테티스해, 루르 숲은 모두 2억 년에서 3억 년 전 지구상에 존재했던 곳들입니다. 내가 소개한 이야기에는 거짓말이 한 방울도 들어 있지 않아요. 이런 곳이 있었다는 충분한 증거들이 박물관에 잘 보존되어 있습니다. 남아 있는 암석과 뼈를 살펴보면 한참 전 세상의 역사를 짐작할 수 있습니다.

루르의 숲은 수백만 년 동안 점점 더 무성해졌습니다. 지구 최초의 열대우림 중 한 곳이 되었지요. 거기서 더 세월이 흐르자, 숲도 길고 긴 시간의 모래 아래 묻히게 되었습니다. 부서지고 썩어서 흐물거릴 정도가 된 나무의 잔해는 땅속 깊이 묻혔고, 그곳에서 열과 압력을 받아 한때 잎과 줄기였던 것들은 검고 단단한 석탄으로 변해 갔습니다. 그동안 대륙은 밀려났다 당겨지는 융기 운동을 통해 원래 있던 곳에서 멀리 떨어져 지구 반대편에 자리 잡을 때까지 계속 움직였습니다.

이와 비슷하게 테티스해는 땅속으로 접혀 들어갔습니다. 수천만 년이 넘는 세월 동안 식물과 동물의 사체가 뜨거운 열과 압력을 받아 모래층 사이 구덩이에 자리 잡고, 부글거리는 거품을 내며 검고 진한 농축액으로 변해 갔습니다. 생명체의 모든 잔해가 진한 원유가 될 때까지 이런 일이 이어졌습니다. 판탈라사해의 식물과 동물 역시 비슷한 운명을 맞았는데, 기름기 있는 생명체의 사체는 훨씬 더 고통스러운 과정을 겪게 되어 압력을 받은 모든 분자가 기포로 변합니다. 이 기포들은 암석층을 따라 흘러가 천연가스로 가득 찬 거대한 공기층을 만들지요.

루르 숲, 테티스해, 판탈라사해에 쌓인 식물과 동물의 사체는 시간이 흐르며 각각 독일의 석탄 지대와 사우디아라비아의 유전, 미국 노스다코타주의 천연가스 지대를 만들게 됩니다. 서유럽에서 가장 큰 루르 탄전 지대는 아주 오래전에는 열대우림이었고, 전 세계에서 원유를 가장 많이 쏟아 내는 사우디아라비아의 유정油井은 예전에는 깊지 않은 바다였으며, 요즘 한창 인기를 끄는 수압 파쇄법으로 채취하는 노스다코타의 천연가스는 끝을 알 수 없이 깊은 태고의 바다에서 나옵니다.

화석은 중요한 것이기도 하고, 아무것도 아닌 것이기도 하고, 그 사이 어디쯤 있는 것이기도 합니다. 호박琥珀 안에 갇힌 곤충과 남아있는 공룡 발자국은 지난 세월로부터 전해진 유산으로, 모두 화석이라고 볼 수 있습니다. 땅과 바다에 사는 생명체 중 대다수를 차지하는 것은 식물로, 이는 수십억 년 동안 이 땅에 존재해 왔습니다. 석탄, 석유, 천연가스는 수억 년 전에 살았던 식물과 동물(그러나 대부분은 식물입니다)이 압착되고 고온에 익혀지고 부서진 잔해입니다. 고체(석탄), 액체(석유) 및 기체(천연가스) 모두 화석으로 여겨집니다. 가연성 물질이고 연료로 사용할 수 있기 때문에 모두 '화석 연료'라고 부르지요.

석유는 대부분 자동차 내연 기관에서 불태워지고, 석탄은 대부분 발전소에서 전기를 만드느라 불태워지며,

천연가스는 대부분 공장에 전력을 공급하는 용광로에서 불태워집니다. 화석 연료에 불을 붙이는 것이 엔진에 동력을 공급하고 전기와 열을 만들어 내는 유일한 방법은 아니지만, 오늘날 가장 일반적으로 사용되는 방법입니다. 운전을 하고 음식을 만들고 불을 켜고 난방을 하고 냉방을 하고 공장을 돌리는 데 사용하는 에너지의 거의 90퍼센트는 화석 연료를 태워서 얻게 됩니다.

석유와 석탄과 천연가스에 대한 의존도는 꽤 균등하게 나뉘어 있습니다. 매년 연소되는 모든 화석 연료를 살펴보면 40퍼센트는 석유, 30퍼센트는 석탄, 나머지 30퍼센트는 천연가스입니다. 이는 물질을 태우는 방식과도 관련이 있습니다. 자동차의 99.9퍼센트 이상이 정제된 석유를 태워 움직이고, 전 세계 대부분의 발전소는 석탄을 태워 가동하며, 오늘날 공장 설비의 상당 부분은 천연가스를 태워 작동합니다.

앞서 살펴본 것처럼 지난 50년은 더 많은 자동차, 더 많은 운전 횟수, 더 많은 전기, 더 많은 생산으로 대표되는 '풍요의 시기'였습니다. 이는 곧 '풍요로운 화석 연료의 사용기'라고 불러도 이상하지 않을 것입니다. 지난 50년 동안 전 세계 화석 연료 사량용은 거의 세 배가 되었을 정도니까요.

화석 연료는 '재생 불가능한' 연료로도 알려져 있습니다. 살아 있는 세포 조직을 석탄, 석유 또는 천연가스로 변환시키는 데에는 아무리 짧게 잡아도 수천만 년은 걸리기 때문입니다. 석유와 석탄과 천연가스를 땅속에서 채취해 자동차와 발전소와 공장에서 태우면 사라집니다. 게다가 지금은 지구상의 인구가 점점 늘어나며 화석 연료의 사용량 역시 늘어날 것으로 예상되고 있습니다. 이쯤에서 우리는 궁금해질 수밖에 없습니다. 우리가 사용할 수 있는 화석 연료는 얼마나 남아 있을까요?

수백 년의 역사를 지닌 과학인 지질학은 지난 100년 동안 석유와 석탄과 천연가스를 함유한 지층을 찾아내고 그 위치를 기록하고 또 그런 자원을 채취하는 일에 크게 기여해 왔습니다. 이런 작업을 바

탕으로 영국의 석유 기업인 브리티시 페트롤리엄에서 화석 연료의 '확인 매장량'(확실하게 이용할 수 있는 매장량 - 옮긴이)을 측정했습니다. 1980년 이후 대부분의 유전이 발견된 베네수엘라처럼 새로운 자원층이 추가적으로 등장

할 수도 있지만, 브리티시 페트롤리엄 데이터베이스는 기본적으로 땅속에 남아 있는 화석 연료에 대해 의미 있는 정보를 알려 주지요.

오늘날과 같은 비율로 사용한다면 전 세계 석유의 확인 매장량은 50년 정도의 용량이 남아 있는 것으로 추정됩니다. 마찬가지로, 천연가스의 확인 매장량도 오늘날의 속도로 사용한다면 50년 정도 분량입니다. 전 세계 석탄 매장량은 이보다는 훨씬 많아서, 현재 사용 속도라면 소진하는 데 약 150년이 걸립니다. 물론 지난 수십 년처럼 매년 화석 연료 사용이 늘어난다면 이 예상치는 지나치게 길게 잡은 것이겠지요.

알려진 석유 및 천연가스의 매장량은 1980년 이후 두 배가 되었지만, 전 세계 화석 연료 소비량도 두 배가 되었습니다. 정확히 언제가 될지는 알 수 없지만, 어느 시점에 이르면 무언가 대가를 치러야 할 것입니다. 4세대에 걸쳐 지질학자들이 평원과 산맥과 해저를 조사해 가며 지도를 완성했을 때 '제2의 판탈라사해'를 빠트렸거나 하는 일은 없습니다. 우리가 의존하고 있는 유한한 자원보다 인간 사회가 오래 가기를 원한다면 화석 연료로부터 벗어나는 것이 올바른 방향인데, 그 대비는 아무리 빨리 시작해도 이르지 않습니다.

게다가 수십 년간 전쟁과 갈등의 원인이 되어 온 사실, 즉 화석 연료가 발견되는 지역과 그 화석 연료를 사용하는 지역이 일치하지 않는다는 점에 대해서는 충분히 이야기되지 않고 있습니다. 테티스해가 최종적으로 자리했던 위치를 참고한다면 현재의 자원 관련 지형도는 그리기가 어렵지 않습니다. 전 세계 석유와 천연가스의 절반은 사우디아라비아를 중심으로 하는 중동 국가에 매장되어 있습니다. 그러나 전 세계 석유 및 가스의 절반은 OECD 국가 내에서 사용됩니다.

이렇게 자원을 갖고 있는 쪽과 자원이 꼭 필요한 쪽이 대비되다 보니, 지난 100여 년 동안 석유로 인해 각자 많은 동맹국을 거느린 사우디아라비아와 미국의 지도자들 사이에 복잡한 관계가 만들어졌습니다. 앞서 살펴봤듯이 1973년 석유 무역의 중단을 가져온 중동 국가들의 경제적 단결은 미국의 자동차 산업을 10여 년간 뒤흔들기에 충분했습니다. 미국이 걸프전을 겪는 동안 석유가 한 역할에 대해서는 말할 필요도 없을 것입니다.

그럼에도 불구하고 화석 연료에 대한 인류의 열광은 자원과 관련한 대단한 사랑 이야기라 할 수 있습니다.

오랜 결혼 생활을 지나 병을 앓다가 비틀거리며 죽음이라는 마지막 여정으로 향하는 부부처럼, 이혼이라는 것은 상상조차 할 수 없는 것이지요.

***

지난 50년 동안 미국은 필요한 에너지의 90퍼센트를 화석 연료를 태워 얻었습니다. 그런데도 미국인들은 석유와 천연가스, 석탄에 관해 이야기할 때면, 얼마나 많은 천연자원을 소비하는지가 아니라 이런 자원을 어디에서 더 많이 가져올 것인지에만 관심이 있습니다. 그런 모습을 보고 있자면 머리가 아플 지경입니다. 오늘날 미국이 수입하는 석유 총량의 3분의 1은 여전히 석유수출국기구OPEC 국가들로부터 나옵니다. 1973년 석유 위기 이전과 대체로 비슷한 상황입니다. 지난 수십 년간도 그랬지만 지금도 연료의 가장 기본적인 공급을 중동에 심각하게 의존하고 있는 것입니다.

미국은 수입 원유에 대한 의존에서 벗어나기 위해 모든 노력을 기울였습니다. 연료를 아껴 쓰는 것 딱 한 가지만 빼고 말입니다. 석유 사용을 줄이고 국내에서 공급하는 석탄 및 천연가스를 더 많이 쓰자는 제안은 채

굴 과정과 수압 파쇄법에 따라오는 환경 오염으로 인해 강한 저항에 부딪혔습니다. 그럼에도 천연가스의 미국 내 생산량은 2005년 이후 증가한 반면, 석탄 생산량은 지난 30년 중 최저 수준에 머물고 있습니다.

텍사스주의 원유 보유량을 고려한다고 해도 미국은 석유가 풍부한 국가가 아닙니다. 지금까지 알려진 미국의 원유 매장량은 전 세계 총 매장량의 3퍼센트에 미치지 못합니다. 자동차에 그토록 많이 의존하는 나라에는 나쁜 소식이지요. 미국은 다른 자원이 풍부한 나라인데, 이런 자원을 '연료'로 전환하려는 창의적인 노력으로 인해 21세기의 가장 엉뚱한 환경 관련 발명품이 탄생했습니다. 바로 사람을 위한 식량을 자동차를 위한 연료로 만드는 것이었습니다.

***

탄수화물을 함유한 것이라면 무엇이든, 적절한 환경에서 알코올로 변할 수 있습니다. 포도나 꿀에 들어 있는 당분도 그렇고 감자나 보리에 들어 있는 전분도 그 대상에 포함됩니다. 미국은 1990년 전후로 식용 알코올인 '에탄올'을 산업용으로 대량 제조해 휘발유와 함께 사용하기 시작했습니다. 현재 미국에서는 옥수수 가공을 통해, 브라질에서는 사탕수수 가공을 통해 에탄올을 생산하고 있습니다.

이 말은 우리 주변의 수만 제곱킬로미터의 땅에 씨앗을 뿌리고 물을 대고 비료를 주고 살충제와 제초제를 뿌리고 곡물을 거두어 가공한 다음, 이 모든 것을 짓이기고 발효시켜 연료를 만든다는 의미입니다. 자원이라는 측면에서 보면 정말이지 비효율적입니다. 이런 과정을 위해서는 화석 연료로 움직이는 트랙터를 수백만 킬로미터 운전해 엄청난 양의 화학 물질을 뿌려야 하지요. '바이오 연료'가 주는 이점이라고는 제조 과정이 미국 안에서 이루어져 수입 원유에 조금 덜 의존하게 된다는 것뿐입니다.

미국이 수입하는 석유의 10분의 1 정도만을 수입하고 연료 자급자족이 가능한 브라질에서는 이런 방법이 어느 정도 효과가 있을 것입니다. 반면에 미국은 바이오 연료 기술이 본격적으로 등장하기 전인 1990년대와 똑같은 양의 석유를 수입하고 있습니다. 지난 100년 동안 등장한 대부분의 에너지 관련 발명과 마찬가지로, 옥수수-에탄올 바이오 연료 개발은 연료 소비를 더 늘릴 뿐이었습니다.

농사는 매년 새로 짓는 것이다 보니 바이오 연료는 '재생 가능'하다고 여겨집니다. 수확한 농작물을 가져다 자르고 발효시킨 후, 불을 붙여 태워서 만들어지는 것인데도 말입니다. 그러나 오늘날의 연료 소비 수준을 볼 때 바이오 연료는 석유에 대한 현실적인 대안이 되지 못합니다. 미국이 화석 연료를 포기하고 바이오 연료에 100퍼센트 의존한다면 현재와 같은 연간 바이오 연료 생산량으로는 6일 정도밖에 버티지 못할 것입니다. 유럽 연합의 경우 상황이 더 나빠서 3일 정도, 브라질은 조금 더 오래, 내 계산으로는 3주 정도 버틸 수 있겠네요. 이 중 어느 나라도, 농업의 상당 부분을 희생할지라도 화석 연료 의존도를 살짝 줄여 주는 것 이상의 바이오 연료를 생산할 수는 없습니다.

바이오 연료에 대해서는 윤리적인 고민도 뒤따릅니다. 바이오 연료 1킬로그램을 얻기 위해서는 20킬로그램 이상의 사탕수수가 필요하고, 옥수수 역시 비슷한 상황입니다. 오늘날 지구상에서 재배되는 곡물의 20퍼센트는 바이오 연료를 만드는 데 사용됩니다. 바이오 연료를 옹호하는 사람들은 농작물의 먹을 수 있는 부분과 먹을 수 없는 부분을 모두 사용할 수 있다고 말합니다. 실제로 이렇게 모든 부분을 사용한다고 해도, 굶주리는 사람들이 8억 명이나 있는 지구에서 이는 엄청난 양이라 할 수 있지요.

우리는 자동차에 중독되어 있고 자동차는 석유에 중독되어 있는 이 상황에서, 해결책은 보이지 않는 것 같습니다. 오늘날 자동차의 대부분이 석유로 **이루어져 있다**는 것을 알게 되면 문제가 더 심각하게 느껴집니다. 자동차 범퍼와 문, 대시보드, 엔진 케이스, 타이어 등 모든 것이 석유에서 만들어 낸 '폴리머'를 원재료로 하고 있습니다. 우리가 타는 자동차뿐만이 아닙니다. 석유를 기반으로 한 또 다른 제품이자 '플라스틱'이라고 부르는 합성 물질이 우리 삶 전체를 채우고 또 우리 일상을 포장하고 있습니다.

미국은 유정에서 바로 끌어올린 원유를 매일 1000만 배럴씩 수입합니다(이는 약 16억 리터입니다 – 옮긴이). 이 1000만 배럴은 미국에서 채취한 1300만 배럴과 함께 가공, 즉 정유 과정을 거쳐야 비로소 사용할 수 있습니다. 석유를 정유하는 과정의 대부분은 '증류'라 부르는 화학적 공정으로 이루어집니다. 높은 압력 아래에서 열을 받은 원유는 여러 가지 물질로 나뉘어집니다. 무겁고 끈적거리는 부분은 가라앉고, 증기는 위로 올라가 프로판이나 휘발유 같은 가벼운 물질로 응축되며, 디젤은 중간쯤에 남게 됩니다.

모든 정유 공장에서 만들어지는 부산물 중 하나가 '석유화학 원료'인데, 이것이 바로 플라스틱의 원재료입니다. 1950년 이후 발명된 20여 종의 각기 다른 플라스틱은 우리 삶의 거의 모든 면에서 혁명을 일으켰다 해도 과언이 아닙니다. 폴리에틸렌, 폴리프로필렌, 폴리스티렌, 폴리염화비닐, 폴리에스테르와 같이 이름에 '폴리'가 붙는 물질들이지요.

플라스틱에 대한 강의를 하기 전에 나는 자주 학생들에게 가방을 꺼내 그 안에 들어 있는 플라스틱 제품의 수를 세어 보라고 말합니다. 대부분의 학생들은 적어도 20여 개의 물건을 찾아내는데, 주의 깊은 학생들이라면 가방 안 내용물을 살펴 볼펜을 각각의 부품으로 분리해 50개 이상을 찾아내기도 합니다. 주위에서 쉽게 볼 수 있는 각종 외장재, 여러 가지 천과 직물, 우리가 만지는 물건의 대부분은 내가 태어난 1969년에는 존재하지 않았던 여러 종의 플라스틱으로 만들어졌습니다. 유리, 금

속, 종이나 면으로 만들던 것들이 플라스틱으로 대체되어 훨씬 가벼워지고 내구성이 강해졌으며, 생산 및 운송 비용도 훨씬 저렴해졌습니다.

플라스틱의 발명과 혁신은 진정한 20세기 제조업의 기적 중 하나라고 할 수 있습니다. 플라스틱으로 된 표면이나 물건은 청소가 쉽고 무균 상태를 유지할 수 있어서 병원 및 의료 시설에서도 유용합니다. 플라스틱

필름은 부패를 막아 주어 고기와 채소의 판매대 진열 기간을 며칠에서 몇 주로 연장해 주었고, 그 덕에 우리는 일 년 내내 신선한 식품을 유통하고 소비할 수 있게 되었습니다. 무거운 금속제 자동차 부품을 훨씬 가벼운 성형 플라스틱으로 교체한 덕에 1980년대 자동차, 트럭 및 비행기의 연료 효율도 크게 높아졌습니다.

현재 전 세계 플라스틱 생산량은 연간 3억 톤 이상입니다. 지구상 모든 사람의 몸무게를 합친 것과 비슷한 무게이지요. 오늘날 전체 플라스틱 생산량은 1940년 0에서 시작해 1969년까지 빠르게 성장했는데, 지금은 또 그때보다도 열 배나 높습니다. 매년 생산되는 플라스틱의 대부분은 일회용 포장재로 사용됩니다. OECD 국가에 거주하는 사람은 평균적으로 매년 자기 체중만큼의 플라스틱 폐기물을 버리고 있습니다. 재활용을 하려는 노력에도 불구하고 폐기물 중 90퍼센트 이상이 그대로 매립지에 버려집니다. 우리가 버리는 플라스틱의 10퍼센트 가까이는 바다로 향해, 파도 위에 영원히 떠다니는 거대한 쓰레기 더미에 합류합니다.

전 세계 거의 모든 플라스틱은 석유로 만들어지고, 석유는 플라스틱 생산 공장의 연료로도 사용됩니다. 매년 지구상에서 연소되는 모든 화석 연료의 10퍼센트가 이렇게 플라스틱을 만드는 데에 사용되는 셈입니다.

✷ ✷ ✷

화석 연료든 재생 가능 에너지든 에너지에 관해 이야기할 때, 백분율과 총량 사이에서 혼란을 일으키기 쉽습니다. 정치인이나 과학자 모두 이런 수법을 사용할 때가 있지요. 내 친구 브라이언은 몇 년 전에 담배를 끊었습니다. 수십 년 동안 담배를 피워 왔으니 대단한 결심이었지요. 열여섯 살 때 브라이언은 방과 후 친구들과 담배를 피웠는데, 그때는 한 갑으로 일주일 정도를 버틸 수 있었습니다. 커뮤니티 칼리지에 다니는 동안 아르바이트를 구했고, 그때 그는 담배를 일주일에 두 갑씩 피우게 되었습니다. 졸업 후 건설 현장 정규직으로 취직했고, 얼마 지나지 않아 하루에 한 갑씩 담배를 피우게 되었습니다.

브라이언의 삶에서 담배의 중요성을 최소화하고 싶다면 그의 급여에서 담배를 사느라 사용한 지출의 비율이 지난 20년 동안 극적으로 줄어들었음을 강조하면 됩니다. 브라이언의 삶에서 담배의 중요성을 극대화하고 싶다면 그가 매주 피운 담배의 양이 20년 동안 일곱 배나 증가했음을 강조하면 됩니다. 사실을 놓고 보면 이두 가지 모두 정확한 설명인데, 각각이 별개로 제시될 때에는 브라이언의 습관에 대해 전혀 다른 인상을 주게 됩니다. 브라이언의 삶에서 담배가 한 역할을 제대로 이해하려면 두 가지 사실을 모두 고려하는 것이 가장 좋습니다.

1960년대부터 지구 전역의 사람들은 화석 연료를 '고갈'시켜 왔고, 지금도 그렇습니다. 이것이 실제 의미하는 바는 50년 전, 세계 인구가 화석 연료를 사용해 에너지 수요의 94퍼센트를 충족시킨 이후로 그 비율이 감소하고 있다는 것입니다. 오늘날에는 85퍼센트까지 떨어졌습니다. 미국은 물론이고 유럽에서도 마찬가지입니다. 우리가 올바른 방향으로 나아가고 있다는 증거로 이런 내용이 **진짜** 사실처럼 등장하는 것을 자주 확인하게 됩니다.

그러나 같은 기간 동안 우리가 태워 없애는 화석 연료의 총량이 상당히 증가한 것도 사실입니다. 전 세계적으로 매년 연소되는 화석 연료는 지난 50년 동안 두 배 이상 증가한 반면, 미국과 유럽의 총 화석 연료 연소량은 3분의 1 정도 증가했습니다. 전체 양에 초점을 맞추면 매년 점점 더 많은 화석 연료를 태워 버리고 있다는 명확한 느낌을 받을 수 있지만, 우리는 훌륭한 과학자가 하는 것처럼 두 종류의 정보를 종합할 때에만 진실을 알 수 있습니다.

우리는 점점 더 많은 에너지를 사용하고 있습니다. 동시에 우리는 화석 연료의 대안을 찾아 나서기 시작했습니다. 하지만 이런 '대안'의 규모는 매일 먹는 커다란 에너지 케이크의 맨 위에 올려진 아주 얇은 설탕 장식 정도에 지나지 않습니다. 우리는 잠시 멈춰 서서 정말로 우리에게 이 디저트가 필요한지 스스로에게 질문한 적이 없습니다. 정유 공장이 활발하게 가동되고 온 세상이 불타오르는 동안 그 질문을 계속해서 미뤄 왔던 것이지요.

13

우리가
돌리는 바퀴

회전 바퀴는 움직이는 동시에 멈춰 있는, 마법과도 같은 장치입니다. 구리 선으로 감싼 쇠막대를 회전 장치에 부착해 자석 가까이에 놓아두면 막대가 돌아가며 전기를 만들어 내지요. 기계 에너지(회전하는 바퀴)를 전기 에너지(전선에 흐르는 전류)로 변환하는 원리는 200년 전 처음 발견된 이래 사람들의 호기심을 자극해 왔습니다. 21세기인 오늘날까지도 세상에서는 이런 회전 바퀴를 이용하는 재미있고 새로운 실험이 이어지고 있습니다.

내가 여름에 가장 좋아하는 곳은 미니애폴리스 시내

에 있는 스톤 아치 다리 근처랍니다. 화강암과 석회암으로 만들어진 이 다리는 미시시피강을 가로지르며 도시 중심부와 미네소타대학교를 연결합니다. 그곳에서는 걷거나 자전거를 타거나 스케이트보드를 타고 다리를 건널 수도 있고, 광장에서 시간을 보내며 사진을 찍거나 그냥 앉아서 흘러가는 강물과 지나가는 사람들을 구경할 수도 있습니다. 스톤 아치 다리의 중간 지점은 화창한 7월의 어느 날 잠시 멈춰 인생에 관해 생각해보기에 딱 좋은 장소입니다.

무더운 날 이 다리가 좋은 또 다른 이유가 있습니다. 쏟아지는 강물로부터 뿜어져 나오는 물보라가 시원하고 기분 좋게 만들어 주거든요. 다리 상류 쪽에 세인트 앤서니 폭포가 있어서 우르릉거리는 소리가 배경으로 깔리곤 합니다. 쉴 새 없이 흐르는 엄청난 양의 물은, 멕시코만으로 향하는 미시시피강의 3700킬로미터 여정 중에 이곳에서 잠시 멈칫합니다. 하지만 세인트 앤서니 폭포를 아무리 오래 관찰한다고 해도 모든 것을 볼 수 있는 것은 아닙니다. 수면 저 아래, 어둠 속에서 돌고 있는 다섯 개의 거대한 바퀴는 눈에 띄지 않으니까요.

폭포수 아래 거대한 바퀴들은 각각 위에서 설명한 구

리 선과 자석을 사용하여 전기를 만들어 냅니다. 강물이 4미터 아래 댐으로 쏟아져 내리면서 '터빈'이라 불리는 거대한 회전체를 돌려 전기를 생산합니다. 2016년 세인트 앤서니 폭포 아래의 터빈은 약 100기가와트시의 전기를 생산했습니다. 이 전기는 미니애폴리스시에 일주일 동안 전력을 공급할 수 있는 양입니다. 미국 전역에 이와 유사한 '수력 발전' 시설이 수백 개 있고 전 세계에는 수천 개가 있는데, 기본 작동 원리는 모두 비슷합니다. 강을 막고 물이 터빈 위로 떨어지도록 해서 거대한 바퀴가 돌아가며 전기를 만들어 내는 것이지요.

가장 큰 수력 발전소는 30개 이상의 터빈을 돌려 미니애폴리스에 있는 세인트 앤서니 폭포의 작은 발전 시설보다 최대 200배 더 많은 전기를 생산합니다. 수력 전기는 강력한 에너지원이며, 지금까지 화석 연료의 대안으로 가장 널리 사용되고 있습니다. 그렇다고 해도 수력 발전으로 생산하는 전력은 전 세계 생산 전력의 18퍼센트에 지나지 않습니다.

＊ ＊ ＊

물의 힘으로만 이런 바퀴를 돌릴 수 있는 것은 아닙니다. 미니애폴리스에서 샌안토니오 방향인 남쪽으로 차를 몰고 가면 지난 10년 동안 민들레처럼 돋아난 흰색의 풍력 발전용 터빈 군단을 볼 수 있습니다. 이 거대한 흰색 날개의 깃은 각각이 비행기 날개 크기로, 지상에서 60미터 정도 높이에 자리하고 있습니다. 날개가 바람을 받으면 수중 터빈처럼 회전하면서 전기를 만들어 냅니다. 이렇게 만들어진 전류는 지상과 지하에 설치된 케이블을 타고 각 가정으로, 건물로, 공장으로 보내지지요.

풍력 발전소에는 세심하게 배치한 수백 개의 터빈이 돌아가고 있습니다. 이 시설은 세인트 앤서니 폭포 수력 발전소에서 생산하는 전력의 약 두 배를 만들어 냅니다. 수력 발전을 위해 사용하는 물속의 터빈이 몇 개 정도라면 풍력 발전을 위한 바람 속의 터빈은 수백 개에 이르는데, 두 가지 시설에서 사용하는 터빈의 수를 비교해 보면 바람에 비해 물의 힘이 얼마나 강한지 알 수 있을 것입니다. 1년 동안 풍력 발전으로 만들어지는 전기는 전 세계에서 사용하는 전기량의 4퍼센트 정도에 지나지 않습니다.

특별히 햇빛이 잘 드는 장소라면 태양력 발전을 통해 이런 바퀴를 돌릴 수 있습니다. 거울과 렌즈를 사용해 햇빛을 강력하게 집중시키고 이 에너지를 모아 물을 끓여 증기로 만듭니다. 이때 증기가 위로 올라가며 터빈을 작동시켜 전기가 발생하게 됩니다. 이런 응축된 태양열 발전과 태양 전지판의 유리 층을 사용하는 태양광 발전은, 모두 합해도 지구상에서 매년 만들어지는 전력의 1퍼센트 미만을 차지합니다.

바람이 불고 햇빛이 비치는 한 터빈은 계속 돌아가고, 다른 부산물을 배출하지 않고 자원이 소모되지 않으며, 그 과정에서 생태 문제를 발생시키지 않기에 태양력과 풍력으로 만든 전기는 청정하고 깨끗하며 재생 가능하고 환경 친화적인 것으로 여겨집니다. 자원이 눈에 띌 만큼 소모되지도 않는 것 같습니다. 그러나 풍력과 태양력 발전을 합쳐도 지구상 전기 사용량의 5퍼센트 미만이라는 점에서, 장점이 훨씬 더 많이 과장되었다고 보아야 할 것입니다.

본질적으로 무한한 전력 생산원이 하나 더 있지만 이

방법은 아주 위험한 부산물을 만들어 냅니다. 우라늄과 같은 천연 방사성 금속은 분열하면서 에너지를 방출합니다. 원자력 발전소는 특별히 '농축된' 우라늄 내 핵분열을 자극해 엄청난 양의 에너지를 만들어 내지요. 이 에너지로 물을 끓여 엄청난 증기를 만들어 내고, 증기가 터빈을 지나며 전기를 일으킵니다. 이때 일어나는 핵분열 반응이 핵폭탄의 폭발과 비슷하기 때문에, 반응 속도를 잘 조절할 수 있도록 원자력 발전소를 설계하는 것이 중요합니다.

농축 우라늄이 더 이상 전기를 만들어 내지 못하는 상황까지 분열되면 그 후에는 폐기물로 처리해야 합니다. 사용하고 난 우라늄은 터빈을 돌리기에 충분하지 않지만 여전히 식물과 동물은 물론 인간에게 충분히 위험한 에너지를 방출한다는 점이 문제예요. 폐기물의 독성이 강하고 처리가 어려워서, 또 발전소가 오작동할 경우 큰 피해가 예상되어서 사람들은 원자력 발전을 두려워하고 피하게 되었습니다.

1970년대에 핵 에너지가 처음 등장했을 때에는 낙관적인 기대가 이어졌습니다. 평균 크기의 원자력 발전소 하나에서 세인트 앤서니 폭포 수력 발전 시설 80개와

맞먹는 전력을 생산합니다. 하지만 1979년 스리마일섬 사건과 1986년 체르노빌에서 일어난 일련의 재난은 다른 모든 기술과 마찬가지로 원자력이 그것을 만든 사람들만큼이나 불완전할 수 있음을 보여 주었습니다. 이러한 이유에 다른 이유들이 합쳐져 원자력 발전은 2000년 대 초부터 줄어드는 추세에 있습니다. 전 세계 원자력 시설에서 생산되는 전기의 비율은 2002년 사상 최고치 인 6퍼센트를 기록했지만, 유럽 국가들은 남아 있는 원 자력 발전소의 해체를 계획하고 있습니다.

이에 비해 미국은 여전히 원자력 발전에 크게 의존하고 있습니다. 미국에서 생산되는 전기의 20퍼센트 정도 는 100여 곳의 원자력 발전소에서 생산됩니다. 원자력 발전으로 생산되는 전력은 수력, 풍력 및 태양력 발전 을 합친 양의 거의 두 배입니다. 원자력 발전은 여러 가 지 단점이 있지만, 부산물로 이산화탄소를 **발생시키지 않는다**는 점에 대해서는 생각해 봐야 합니다. 다음 장 에서 이 문제가 왜 중요한지 이야기하겠지만 지금은 일 단 돌아가는 터빈에 집중하도록 하지요.

재생 가능 에너지는 인기가 좋습니다. "풍력으로 만 들어진 총 전기량이 2010년 이후 두 배 이상으로 증가했다", "지난 10년 동안 태양광 발전 설비가 100배 이상으로 증가했다"와 같은 이야기와 함께 "가장 빨리 성장하는" 에너지원이라고 이야기되지요. 여기에서 내 친구 브라이언의 담배 이야기를 다시 떠올려 봅시다. 있는 그대로의 사실이긴 하지만 이런 말들은 풍력과 태양력 발전 에너지를 합해도 여전히 전 세계 에너지 수요의 5퍼센트에 미치지 못한다는 사실을 숨기고 있습니다. 이 수치를 50퍼센트까지 끌어올리기란 정말로 힘든 일입니다. 그래서 전 세계 터빈의 대부분은 여전히 화석 연료를 태운 힘으로 돌아가고 있지요.

발전소에서는 석탄과 천연가스를 태워 물을 끓이고, 그렇게 발생한 증기가 터빈을 지나가며 큰 바퀴를 돌리게 됩니다. 이와 달리 연료를 태울 때 발생하는 가스는 고온에서 작동하도록 특별히 설계된 터빈을 그저 통과해 지나갑니다. 이렇듯 전 세계 전기 생산량 3분의 2는 화석 연료를 사용해 만들어지고, 사실상 거의 모든 국가가 화석 연료를 사용해 대부분의 전기를 생산하고 있습니다.

*＊＊

전기의 발견은 인간이 주변 사물과 관계 맺는 방식을 영원히 바꾸어 놓았습니다. 불행하게도 기계 에너지(회전 터빈)를 전기 에너지(전류)로 변환하는 것은 매우 비효율적입니다. 여러분이 만약 과학관 같은 곳에서 전구가 달린 자전거를 타 본 적이 있다면 바로 감이 올 것입니다. 전구에 희미한 불이라도 들어오게 하려면 미친 듯이 페달을 밟아야 하며, 속도를 조금이라도 늦추는 순간 불이 꺼집니다.

이러한 비효율성을 보완하는 가장 좋은 방법은 밀도가 높은 에너지원을 사용하는 것입니다. 화석 연료와 농축 우라늄은 엄청난 양의 에너지를 만들어 낼 수 있지만, 여름철 바람이나 햇빛은 그만큼은 아닙니다. 세차게 흘러가는 강물은 그 중간쯤에 자리하고 있을 것입니다. 현재의 전기 소비율로 볼 때 미국에 수백 개 정도 있는 인구 10만 명 정도의 도시라면, 석탄 연료를 사용하는 평균 크기의 발전소 하나를 항상 가동해야 합니다.

여러분은 태양이 지닌 엄청난 양의 에너지, 대기를 엄청난 규모로 움직이는 바람의 에너지에 대한 온갖 홍보성 이야기를 들었을지도 모르겠습니다. 실제로 풍력 발전기와 태양 전지판은 에너지원의 아주 작은 양만 모

아들여 전기를 만들어 냅니다. 재생 가능 에너지만을
사용해 인구 10만 명의 미국 도시에 모든 전력을 공급
하는 것은 불가능한 일입니다. 이런 도시라면 중형 수
력 발전 시설이 10개 정도는 필요합니다. 풍력 터빈이
라면 1000개 정도, 태양 전지판이라면 100만 개는 있어
야 10만 명의 시민이 전깃불을 켤 수 있습니다. 물론 이
모든 것은 도시에 수력 자원이 충분하거나, 바람이 많

이 불거나 햇볕이 잘 드는 지역에 위치한다는 전제하에 가능하지요.

많은 사람들이 재생 가능 에너지로의 전환을 목표 삼아 이야기하고 있지만, 오늘날의 전력 소비 수준을 고려할 때 미국에서는 불가능한 일입니다. 현실에서의 전력 소비와 발전 용량을 생각해 보면, 수력 발전만 사용해 미국에 전력을 공급할 경우 50개 주마다 하나씩, 총 50개의 후버 댐이 필요합니다. 풍력만으로 전 국토에 전력을 공급하려면 풍력 터빈을 미 대륙 전체에 걸쳐 1.5킬로미터마다 하나씩, 총 100만 개 이상을 설치해야 합니다. 태양 에너지의 경우 미국 내 연간 전기 사용량을 맞추려면 사우스캐롤라이나주 크기의 땅을 꽉 채울 만큼 태양 전지판을 깔아야 합니다. 재생 에너지로의 완전한 전환이란 현재의 효율로는 불행하게도 몽상에 지나지 않습니다.

나는 재생 에너지가 **덜 사용하고 더 많이 나누는** 해결책의 일부라고 믿고 있습니다. 그것은 수력, 풍력, 태양력 에너지를 더 많이 만들어 내고 전기 사용을 줄이는 중간 어디쯤에서 타협점을 찾는 방향일 것이고요. 하지만 재생 에너지 사용을 늘리려면 그 과정에 필수적인 각종 금속을 어디서 구할지에 관한 또 다른 문제가 등장합니다. 현재 전기를 생산하는 터빈과 전기를 저장하는 배터리의 소재가 되는 카드뮴, 구리, 납, 텔루륨, 아연, 리튬의 상당 부분은 칠레와 페루 두 나라에서만 나옵니다. 노트북, 휴대폰, 비디오 게임 콘솔 같은 배터리 구동 장치의 판매가 늘며 관련한 금속의 수요가 급증했지만, 오랫동안 경제 상황이 좋지 않았던 칠레와 페루는 여전히 가난한 상태를 벗어나지 못하고 있습니다.

다른 금속의 경우 호주나 카자흐스탄의 광산 같은 곳에서라도 확보할 수 있지만 미국 국내에서 이런 금속을 구할 수는 없습니다. 리튬과 카드뮴 매장지가 전 세계적으로 고르게 분포되어 있지 않을뿐더러, 이런 금속이 필요한 국가와 이를 생산하는 국가가 다르기 때문에 화석 연료와 비슷한 문제가 발생하게 됩니다.

내가 만나는 대부분의 미국인은 자신이 들고 다니는 아이폰이 화석 연료를 고갈시키고 있다는 사실을 알지 못합니다. 노트북이나 휴대폰을 충전할 때 벽에서 전류를 끌어내는데, 그 전류는 아마도 마을 외곽의 석탄 화력 발전소에서 만들어졌을 가능성이 높습니다. 냉장고, 토스터, 텔레비전, 그리고 집에 있는 모든 전등이 이와 비슷한 방식으로 전기를 사용해 작동하므로, 결국 이 모든 일이 화석 연료를 태운 덕분에 가능하다고 할 수 있습니다. 학교나 병원과 직장을 밝히고 그 안에 자리한 각종 기계를 작동시키는 일과 같이 말입니다. 전기 자동차도 마찬가지입니다. 전기 자동차는 깨끗하고 친환경적이라는 환상을 불러일으키지만, 사실 그것은 납, 니켈, 카드뮴, 리튬으로 만든 전선과 배터리 세트를 통해 화석 연료와 이어져 있으며, 마을 반대편에서 스모그를 발생시킵니다.

적어도 지난 50년 동안 화석 연료 사용 과정은 훨씬 더 깨끗해졌습니다. 화석 연료를 태울 때 발생하는 배출물에서 상당량의 납과 황을 제거하는 큰 진전이 있었고, 그 결과 많은 대도시에서 예전보다 대기질이 좋아졌습니다. 그러나 발전소와 자동차에서 나오는 가장 심각한 오염 물질은 눈에 보이지도 않고 냄새도 맡을 수 없기에, 문제가 된다는 사실조차 알기 어렵습니다.

그것은 바로 이산화탄소라고 불리는 기체입니다. 매년 점점 더 많은 이산화탄소가 발생하고 있는데, 어쩌면 이 기체가 모든 것을 망쳐 놓을지도 모릅니다.

4부

지구

물질에 대한 집착은
자연에 대항하는 방향으로 열정을 불러옵니다.
막달라 마리아 복음 (150년경)

변해 버린 대기

    '생명의 순환'에 대해 물어보면 모든 사람들은 그 말을 제각기 다른 의미로 이해합니다. 한 친구는 할머니가 돌아가신 날 첫 손녀가 태어났는데, 기쁨과 슬픔이 동등한 무게로 전해져 인생에서 잃고 얻는 것이란 없으며, 그저 살며 사랑하는 것이 전부라고 믿게 되었다고 말했습니다. 지하철에서 만난 사람은 나의 질문에 디즈니 애니메이션 〈라이언 킹〉의 주제가인 '서클 오브 라이프'를 흥얼거리는 것으로 답을 해주었지요. 생명의 순환이라는 말을 들으면 나는 자동적으로 식물을 떠올립니다. 식물이 자랄 때 에너지가 어떻게 흡수되고 식물을 태울 때 에너지가 어떻게 배출되는지 생각하게 되지요.

지구의 모든 생명체가 지닌 공통점이 하나 있습니다. 내부에서 연소가 일어나고 있다는 것입니다. 단세포 미생물에서 데이지 꽃, 무게가 100톤인 고래에 이르기까지 살아 있는 유기체는 모두 식물 조직을 태울 수 있습니다(그렇습니다. 식물들도 자신의 조직을 연소시킬 수 있습니다!). 인체는 식물을 태우는 데 매우 능숙합니다. 우리는 음식으로 섭취한 식물이나 동물(결국 식물을 먹는 동물)에 들어 있는 당류, 단백질, 지방을 분해하여 에너지를 얻습니다. 이 에너지를 사용해 몸에 연료를 공급하고, 달리고, 걷고, 말하고, 생각하고, 숨 쉬는 등의 모든 일을 합니다.

식물 세포는 그 반대로도 할 수 있습니다. 아, 식물 세포만이 그 반대 과정을 할 수 있다는 말이 맞겠네요. 식물이 살아가려면 최우선적으로 두 가지가 필요한데, 그것은 바로 에너지와 탄소입니다. 식물은 빛의 형태로 태양으로부터 에너지를 얻고, 이산화탄소라는 기체 형태로 대기 중의 탄소를 얻게 됩니다. 우리는 음식을 먹어 몸속에서 연소시킨 후, 살기 위해 그 에너지를 사용하고 폐를 통해 이산화탄소를 내보냅니다. 따라서 생명의 춤은 투 스텝으로 이루어진다고 할 수 있습니다. 에너지와 이산화탄소가 들어오고 다시 또 에너지와 이산화탄소가 배출되는 것이지요.

식물이 사람의 몸속에서만 연소되는 것은 아닙니다. 장작이 벽난로에서 타면 태양으로부터 모아들인 에너지가 열기로 방출되고 이산화탄소가 굴뚝 밖으로 배출됩니다. 우리가 자동차 엔진을 통해 화석 연료, 즉 오래전에 죽은 식물을 태우면 수백만 년 전에 태양으로부터 얻은 에너지가 차를 움직이고 수백만 년 전에 흡수된 이산화탄소가 대기 중으로 방출됩니다.

지난 반세기 동안 화석 연료를 캐내 태우며 인간은 엄청난 양의 이산화탄소를 대기 중으로 방출했습니다. 그러지 않았으면 이 이산화탄소는 땅속 깊은 곳 어딘가에 그대로 묻혀 있었겠지요. 1969년 이후 세계 각국은 미국 텍사스주 크기만큼의 석탄과 미국 루이지애나주에 있는 폰차트레인 호수를 세 번 채울 수 있는 양의 석유를 태워 버렸습니다. 셀 수 없이 많은 기계를 가동하느라 1조 톤 이상의 이산화탄소를 대기 중으로 쏟아 낸 것이지요.

이산화탄소 발생량이 증가하고 있다는 사실을 확인하기란 어렵지 않습니다. 매일 이산화탄소 양을 측정하는 관측소가 하와이에 있으니까요. 데이터를 통해 이산화탄소 증가 추이를 확인하는 일은 칠판에 적힌 자기 이름을 확인하는 것만큼 확실합니다. 내가 아는 모든 과학자들은 지난 50년 동안 이산화탄소의 급격한 증가에 놀랐습니다. 하지만 각국 정부가 이 문제에 놀라지 않는다는 사실에 더욱 놀라고 말았습니다.

내가 일하는 과학 연구 분야에는 이런 재미난 말이 있습니다. "실험실에서 보낸 6개월이 도서관에서 보낼 한 시간을 절약해 준다."

나는 식물 생물학을 연구하기 때문에 현재 대기 중 이산화탄소의 양, 늘어나는 이산화탄소가 식물에 미치는 영향 등에 관심이 많습니다. 우리 주변에서 볼 수 있는 식물은 장식품 이상의 의미를 지닙니다. 식물은 음식이고, 약이고, 목재이기도 합니다. 세 가지 모두 인류 문명에 없어서는 안 되는 것이죠. 화석 연료를 많이 태우면 식물들이 사용할 수 있는 탄소의 양이 늘어나므로

농업과 제약업, 임업에도 영향이 있으리라고 충분히 짐작할 수 있습니다.

1999년 나와 우리 팀은 전자기기 소매점과 가정용 건축자재 매장에서 이런저런 재료를 사서 투명한 플라스틱으로 생육장 네 개를 설계해 제작했습니다. 여기에 씨앗을 뿌리고 꽃이 필 때까지 식물 수백 종을 키우며 몇 주 동안 몇 분 단위로 계속 모니터링을 했지요. 처음

몇 년 동안은 생육장을 제대로 작동시키는 데 많은 시행착오가 있었어요. 생육장을 시원하게 유지하는 것이 가장 어려웠습니다.

우리는 처음부터 생육장 안에 이산화탄소가 충분하게 유지되도록 설계해, 자라는 식물 위로 이산화탄소를 흘려보냈습니다. 생육장 안 공기는 순환이 되어야 했는데, 그래야 생육장이 뿌옇게 습기 찬 테라리엄이 되지 않을 테고, 식물들도 마치 농장 밭에서 자라는 것처럼 느끼리라 생각했기 때문입니다. 생육장 내 이산화탄소 농도를 적정 수준으로 올린 후 인공 햇빛을 켰습니다. 진행 초기에 작동 버튼을 누르고 나갔다가 한 시간쯤 지난 후 다시 돌아와 살펴보면 생육장 내 온도가 섭씨 32도 이상으로 오른 것을 확인할 수 있었습니다. 이상한 일이었지요. 건물 안은 보통 18도 정도로 선선하게 유지되었으니까요.

이런 상황을 예상했어야 했습니다. 다른 과학자들도 비슷한 현상을 목격했습니다. 일찍이 1856년에 여성 물리학자 유니스 푸트는 유리병에 이산화탄소를 많이 채우면 햇빛 아래에서 '훨씬 더 빨리' 따뜻해질 뿐 아니라 식히는 데에도 '몇 배나 되는' 시간이 필요하다고 이야기했습니다. 몇 년 후 또 다른 물리학자 존 틴들은 이산화탄소를 채우고 열을 가할 수 있는 멋진 황동 장치를 만들었습니다. 유니스 푸트와 같은 결과를 내놓았지만, 학계의 인정을 받은 사람은 틴들이었습니다.

이산화탄소 분자는 열을 빼앗아 보유할 수 있는 독특한 구조를 하고 있습니다. 약간의 이산화탄소를 생육장 내 공기에 더한 다음 햇빛을 받도록 하면 그 안의 온도는 올라갈 것입니다. 이 단순한 사실은 100년 넘게 화학 교과서에 실려 있었지만, 나는 6개월 동안 눈으로 직접 보고 확인한 후에야 제대로 이를 이해할 수 있었습니다.

과학자들은 정치가들이 이런 사실을 이해하고 그에 맞게 행동하도록 설득하기 위해 100년 넘게 노력해 왔습니다. 이미 1896년에 스웨덴 화학자 스반테 아레니우스는 화석 연료 사용이 지구온난화를 일으킬 것이라고 경고했습니다. 그때와 지금 사이에 우리 대기의 이산화탄소 함량은 3분의 1 이상 증가했습니다. 그렇다면 지구는 당연히 더 따뜻해졌겠지요?

사실 그러기도 하고, 또 그러지 않기도 했습니다. 하지만 대부분의 경우에는 더 따뜻해졌지요.

15

따뜻해진 날씨

날씨를 생각할 때면 늘 바람이 먼저 떠오릅니다. 하와이의 마노아 계곡을 따라 불어오는 향긋한 바람과 헤어드라이어처럼 얼굴을 때리는 네바다 사막의 건조한 돌풍, 오슬로 피오르 위를 넘실거리는 상쾌한 바람, 미니애폴리스 공항의 미닫이문을 열고 나오면 우리를 맞아 주는 쌀쌀한 바람을 생각하게 되지요. 특히 물기를 머금은 바람에 관해 생각하게 되는데, 여름철 폭풍우가 칠 때 하늘을 폭발시키는 노스다코타의 바람,

수평으로 불어오는 푸에르토리코의 강풍, 몇 시간 안에 세상을 파묻어 버리는 앵커리지의 엄청난 눈보라, 피크닉 접시에 남아 있는 물기를 빠르게 앗아가는 애리조나의 찌는 듯한 바람, 창밖을 내다보는 것만으로 관절을 시리게 만드는 뉴질랜드의 차가운 안개 같은 바람을 떠올립니다.

바람은 움직이는 공기입니다. 공기가 움직이는 것은 무엇인가가 밀어내거나 끌어당기기 때문입니다. 폭풍우가 밀려올 때 일기예보에서 고기압 혹은 저기압에 관해 이야기하는 것을 들은 적이 있을 것입니다. 공기는 기압이 높은 곳에서 낮은 곳으로 움직이는데, 이때 폭풍우를 이동시키는 바람을 만들어 냅니다. 바람을 움직이는 에너지는 대부분의 다른 에너지와 같은 곳에서 옵니다. 바로 태양으로부터죠.

지구가 바람도 없고 날씨 변화도 없는 행성이 되려면 어떻게 해야 할까요? 다른 무엇보다 우선적으로 태양의 스위치를 끌 필요가 있습니다. 태양은 극지방보다는 적도 부위를 직접 비추고, 태양이 물, 바위, 눈을 데우는 방식도 각기 다르기 때문에, 지구 표면의 온도는 곳에 따라 다릅니다. 태양이 대기를 위쪽부터 데우고 지구 표면은 아래서부터 데워지다 보니, 중간에 차가운 공기 주머니가 생깁니다. 이 공기 주머니는 가라앉으려는 성질이 있어서, 위로 올라가려는 따뜻한 공기를 막습니다. 움직이는 모든 공기 덩어리는 다른 공기 덩어리를 밀어내기에, 지구 한쪽에서 시작된 나비 한 마리의 날갯짓이 수천 킬로미터 떨어진 나무 꼭대기 사이로 부는 바람을 만들어 낼 수도 있는 것입니다. 대양에서 증발한 수분은 햇빛의 도움을 받아 하늘 위로 올라갔다가 비나 눈 같은 형태로 내려옵니다. 이런 모든 이유로, 날씨를 없애려면 태양을 없애는 것이 첫 번째 단계일 것입니다.

일단 태양을 꺼트린 후에는 지구의 자전을 멈추어야 합니다. 지구의 끊임없는 자전으로 인해 바람이 사하라 사막의 습기를 끌어당기고, 브라질 열대우림에 비가 내리기 때문이지요. 마지막 단계로, 지구가 내부로부터 서서히 식어서 용융 상태로 방사능을 내뿜는 지구 핵의 마지막 열기가 사라질 때까지 수십억 년간 기다려야 합니다. 고대 화산 분출을 만들어 낸 것도 이런 지구 내핵의 열기였지요. 그렇게 새벽이 없는 먼 훗날, 우리가 사랑하는 태양의 모든 불빛이 꺼지고, 이 행성이 차갑고 고요하고 어둡게 다시 태어나기 전까지는 다양한 형태의 바람도, 날씨 변화도 존재할 수밖에 없을 것입니다.

태양이 날씨를 좌우하는 주요 에너지원이고 이산화탄소 분자는 햇빛을 흡수하는 능력을 갖고 있기 때문에, 이산화탄소 농도가 상승하면 지구가 더워진다는 합리적인 개념에 '온실효과'라는 이름이 붙었습니다. 인공적으로 덥게 만든 장소에 와 있는 것 같은 느낌을 주는 이름이지요.

내가 이런 이야기를 해서 놀랄 수도 있겠지만, 온실효과라는 불길한 개념을 받아들이는 것이 얼마나 어려운지 충분히 이해합니다. 가게들이 문을 닫은 후 버스 정류장에서 덜덜 떨어본 적이 있고, 하필이면 얇은 스타킹을 신은 날 구덩이에 빠진 오래된 포드 자동차를 밀어본 적이 있으며, 도망친 말을 찾아 몇 시간이나 황량한 미경작지를 헤매어 보았던, 더구나 이 모든 것을 영하의 날씨 속에서 해본 적이 있는 **추운** 환경에서 자란 사람들은 기온이 1도쯤 올라가는 것이 그렇게나 심각한 문제인지 믿기 힘들어합니다.

어린 시절에 경험한 추운 날씨를 과장하는 것 아니냐는 비난을 너무 자주 받았기에 최근에 내가 초등학교를 다니기 시작한 1975년의 기상청 기록을 찾아보았습니다. 1월 9일부터 시작된 눈보라가 나흘이나 이어지며 이후 '금세기 최악의 눈폭풍'으로 기록된 바로 그해였습니다. 그 무서운 폭풍이 몰아친 일주일 동안 1년 치 강설량에 이르는 눈이 내렸습니다. 내 인생에서 스케이트, 썰매 타기, 눈사람 만들기의 기본을 다진 1977년부터 1979년까지는 20세기 미국의 가장 추운 겨울 기온을 기록했던 3년이기도 했습니다.

다른 중서부 지역과 마찬가지로, 미네소타도 내가 어렸을 때보다 날씨가 훨씬 따뜻해져서 예전이었다면 눈으로 내렸을 것이 지금은 비로 내립니다. 땅 위에 눈이 쌓여 있는 시기는 1972년보다 2주가량 짧아졌습니다. 슈피리어 호수를 덮는 얼음은 1905년보다 3주나 빨리 녹아 버립니다. 얼음이 너무 얇게 언다거나 하는 여러 가지 이유로 내 고향 아이들은 더 이상 연못에서 스케이트를 타지 못하며, 내가 아이였을 때에 비해 돼지풀 꽃가루 때문에 재채기를 하는 날은 15일 정도 더 길어졌습니다. 세월이 흐르며 세상이 어떻게 바뀌었는지 확실하게 이해하고 싶다면, 어린 시절의 기억을 되살려 보는 것만큼 좋은 방법은 없습니다.

이산화탄소 농도 상승의 영향은 '온실'이라는 단어에

서 연상되는 느낌만큼 간단하지는 않습니다. 이산화탄소가 열을 흡수하기 때문에 대기의 뜨거운 공기 덩어리는 더 뜨거워집니다. 이로 인해 따뜻한 공기 주머니와 차가운 공기 주머니 사이의 대비가 더 커지고 바다에서 수분 증발이 더 빨리, 더 많이 일어나는데, 공기 중으로 올라간 습기는 결국 다른 어떤 곳에서는 떨어져 내려와야 합니다. 그렇기 때문에 과학자들은 대기 중 이산화탄소가 증가함에 따라 1980년대 이후 대규모 태풍이 더 자주, 더 크게 발생할 것이라고 예측해 왔습니다. 지구온난화로 인해 날씨가 이상해지는 것을 의미하는 '글로벌 위어딩Global Weirding'이라는 말이 이해가 가는 것도 이런 이유 때문입니다. 지난 20년간의 엄청난 허리케인, 혹독한 눈보라, 퍼부을 듯 내리는 폭우, 살을 에는 강추위, 무자비한 가뭄은 대기 중에 갇힌 여분의 에너지가 일상적인 기후 시스템과 충돌해 만든 일종의 광란 상태라고 할 수 있습니다.

200년 동안 화석 연료를 태워 왔고 대기 중으로 방출된 이산화탄소가 태양 에너지를 더 많이 흡수하게 되었으니 평균 기온이 높아졌을 것입니다. 네, 당연히 그래야 했고, 사실 그랬습니다. 지구 표면의 평균 온도는 지난 100년 동안 섭씨로는 1도에 약간 못 미치는 정도, 화씨로는 1.5도 정도 상승했습니다(2024년 1월 세계기상기구에서 공식 발표한 바에 따르면, 2023년 지구 표면 온도는 산업화 이전보다 섭씨 1.45도 상승했습니다 – 옮긴이).

이 데이터가 얼마나 명확한지는 아무리 강조해도 지나치지 않습니다. 300년 전에 처음 발명되어 곧이어 완성된, 기온 상승을 측정하는 온도계에는 문제가 없습니다. 기상 관측소는 가장 외딴 지역을 포함해 세상 모든 곳에 존재합니다. 헌신적인 농부, 우체국장, 수녀를 비롯한 시민 및 과학자들이 수 세기 동안 상세하고 충실하게 기온을 관측하고 기록해 왔습니다. 지난 30년 동안 화씨 1도 넘게 기온이 오른 온난화 추세는 과학자들이 논쟁을 벌일 만한 대상조차 아닐 정도로 확실합니다. 내 말을 믿어주세요. 온난화가 아닌 거의 모든 것에 대해서라면, 과학자들은 서로 논쟁을 벌일 것입니다.

2005년에서 2016년까지는 기록상으로 볼 때 온도계 발명 이후 가장 더웠던 10년이라 할 수 있습니다. 그때 우리는 100년 동안 계속되었던 기온 상승 추세에서도 최고점을 찍게 되었습니다. 지금까지의 상황을 볼 때 2016년부터 2025년까지의 10년이 더 시원해질 것 같지는 않습니다. **"누군가가 뭐라도 좀 해야 해"**라고, 지금 쯤 책을 읽는 여러분도 스스로에게 이런 말을 하고 있을지도 모르겠습니다.

유엔은 20년 넘게 기후변화 문제를 해결하기 위해 노력해 왔으며 세계 각국은 기꺼이 동참했습니다. 첫 번째 기후변화에 관한 UN기본 협약UNFCCC이 1995년에 열려서 미국, 중국, 브라질, 인도, 러시아, 사우디아라비아 등 주요 국가를 포함해 150개 이상의 국가가 참여했습니다. 그들은 1992년 발간된 유엔 기후변화에 관한 정부 간 협의체IPCC 보고서를 마음대로 이용할 수 있었습니다. 이 보고서는 기후변화에 관한 6가지 '시나리오'를 소개해 화제가 되었습니다. 2100년까지 지구온난화 범위가 섭씨 2도 이하에서 4도 이상 진행될 때(화씨로 계산하면 3도에서 8도에 이릅니다) 일어날 상황에 대해, 각기 다른 6가지 과학적 예측을 담고 있었지요. 이상적으로 UNFCCC의 목적은 전 세계 국가들이 강력한 힘을 지닌 계약에 합의하도록 해 에너지 사용에 관한 광범위한 변화를 만들어 내는 것이었습니다.

3년 후 UNFCCC는 이산화탄소 배출량을 1990년 수준 이하로 줄이기 위한 국가 간 협약인 교토 의정서를 작성했습니다. 미국은 의정서에 서명했지만 비준은 하지 않았고, 캐나다는 의정서에 제안된 감축이 이루어지지 않을 것이 확실해지자 탈퇴했습니다. 유럽 연합과 러시아는 협정에 서명했지만, 이후 이산화탄소 배출량이 늘어도 별 신경을 쓰지 않았습니다. 중국, 인도, 인도네시아, 브라질, 일본과 다른 몇 국가들도 서명을 했지만 이산화탄소 감축을 위한 별다른 목표를 정하지 않아서 배출은 오히려 늘어났습니다. 일단 모두가 동의해놓고 이후 완전히 약속을 망쳐버렸으니 정말 놀라운 일이 아닐 수 없습니다.

그 후 17년이 지나는 동안 4개의 추가 보고서가 발간되었습니다. 2015년 UNFCCC는 가능한 모든 수단을 동원하여 지구 기온 상승을 섭씨 2도 내로 제한하도록 도움을 요청하며 파리 협정을 채택했습니다. 협정에 서명한 모든 나라가 청정 기술 개발, 나무 심기, 화석 연료 사용 긴축 등 이산화탄소 배출 감소를 위해 스스로 계획을 세우고 실천하도록 하는 내용이었습니다. 하지만 이 시도 역시 이전과 같은 결과를 내고 말았습니다. 175개국이 서명했지만 이산화탄소 배출량은 계속 증가했고, 2016년은 역사상 가장 더웠던 한 해로 기록되었

습니다.

　문제는 이런 염원을 계약서 형태로 강요하거나 강제할 수 없다는 점입니다. 지금까지 여러 나라들이 화석 연료를 확보하기 위해 전쟁을 벌인 적은 있어도, 화석 연료를 매장된 그대로 유지하기 위해 전쟁에 나선 적은 없습니다. 에너지 절약에 대해서는 단기적인 경제적 이득도 없어 보입니다. 재정과 회계 주기는 생물지구화학적 주기보다 훨씬 빠르게 돌아가기에 절제를 강조해서는 산업적인 이윤을 만들어 낼 수가 없습니다.

파리 협정에 나온 표현 그대로, 평균적인 지구 온도 상승 폭을 '섭씨 2도보다 훨씬 낮게' 유지하기 위한 권고 사항을 들어본 적이 있을 것입니다. 재앙에 가까운 폭염, 가뭄, 해수면 상승, 해양 산성화, 농작물 흉작 등을 포함해 과학자들은 기온 2도 상승이 가져올 모든 재해에 관해 예측했습니다. 이런 예측은 맞을 수도 있지만 동시에 틀릴 수도 있습니다. 그럼에도 불구하고 기후 재앙이 주는 공포는 놀라울 정도이고, 새로 발표되는 모든 연구 결과에 따르면 상황은 더욱 비관적으로 보입니다.

사람들이 그저 막연하게 **더욱** 두려워하기만 할 뿐, 정작 실제로 존재하는 문제에 대해서는 충분히 두려워하지 않는다는 사실이 당황스러울 따름입니다. "우리는 기후변화를 두려워해야 한다", "공포의 시간… 어쩌면 두려움만이 우리를 구할 것이다"와 같은 기사 헤드라인을 자주 볼 수 있습니다. 솔직히 말하자면 사람들에게 그저 겁을 주기 위해 공포스러움을 강조하는 듯한 모습에 나 역시 겁을 먹게 됩니다. 역사적으로 살펴보면 사람들은 두려움을 느낀다고 좋은 결정을 내리지는 않습니다. 가끔씩, 두려움에 빠진 사람들은 아무것도 하지 못하게 되곤 하지요.

섭씨 2도를 제한선으로 삼는 것은 1970년대 과학자들이 던진 질문에서 비롯되었다는 것을 기억해야 합니다. 이산화탄소 배출량이 두 배가 되면 세상은 얼마나 더 더워질까? 그때 과학자들이 내놓은 답은 섭씨 2도였습니다. 자극을 받은 다른 과학자들은 기온이 2도 올라가면 날씨, 농업 및 사회에 어떤 영향을 미칠지 연구했고, 각 분야에 엄청난 문제가 생길 것이라는 결론을 얻었습니다. 이런 고통을 피하려면 위험 수준에 도달하기 전에 온난화를 멈출 필요가 있는 것입니다. 섭씨 2도 온난화 제한은 이런 이유로 각종 국제 보고서와 온라인 기사에 자주 등장하게 된 것이고요.

이는 **최종적인** 한계선을 의미하는 것이며, 산업혁명 이후 온난화의 **총합을** 섭씨 2도 이하로 유지해야 한다는 권고도 있습니다. 이 장 앞부분에서 산업혁명 이후 평균 지구 표면 온도가 섭씨 1도에 조금 못 미치게 높아졌다고 이야기했습니다. 그 말은 지금 이 순간, 1970년대 과학자들이 처음으로 예견한 파국의 영역에 도달할 때까지 1도가 채 남지 않았다는 의미입니다.

나의 목적은 사람들에게 이런 정보를 전달하는 것이지, 사람들을 그저 두렵게 만드는 것이 아닙니다. 학생들을 가르치면서 이 두 가지의 차이를 알고 구분하게 되었습니다. 두려움은 문제를 외면하게 만들고 정보는 문제에 관심을 갖게 만듭니다. 이런 시각에서 논리적으로 생각해보건대, 이미 겪었던 것 이상으로 심각한 지구온난화와 대변동을 피하려면 교토 의정서와 파리 협정에서 요구한 점진적인 변화보다는 에너지 사용에 대한 **혁신적인** 접근이 필요합니다. 에너지의 **용도**에 대한 우리의 집단적 이해를 변화시킨 후, 에너지 **사용에** 대한 개인적 관행, 궁극적으로는 집단적인 습관을 변화시켜야 합니다.

과학자로서 적절한 해답을 가지고 있어야 하겠지만, 다른 모든 사람들과 마찬가지로 나 역시 진정한 변화가 어떤 것이어야 하는지는 아직 잘 모르겠습니다. 내가 하는 거의 대부분의 일에서 에너지가 사용되고, 그 에너지는 거의 대부분 화석 연료에서 나옵니다. 나는 그렇게 살고 있는 10억 명 중 한 명입니다.

모든 사람이 '풍요의 이야기'를 선택한다면, 다시 말해 지구상의 모든 사람들이 미국인과 비슷한 라이프스타일을 택한다면 전 세계 이산화탄소 배출량은 오늘날의 네 배 이상으로 늘어날 것입니다. 이산화탄소가 바다에 얼마나 녹아 들어갈지 확실하지 않지만(그래서 얼마나 많은 피해를 불러올지도 모르지만) 1970년대의 과학자들이 발견한 바와 같이, 이산화탄소 함량이 지금의 두 배 가까이 늘어난 2200년의 대기 상태를 상상하기란 쉽지 않습니다. 이산화탄소 농도가 증가하면 최소 2도 정도 기온이 상승하고 과학자들이 예측한 여러 가지 대재앙이 일어날 것입니다.

두려움에 떨 때도 아니고 포기할 때도 아닙니다. 그저 이 문제를 심각하게 받아들여야 할 때입니다.

2200년은 그리 멀지 않은 미래입니다. 2세기 전 우리는 본격적으로 증기 기관을 사용하기 시작했고, 이 모든 혼란의 원점이라 할 수 있는 석탄의 채굴과 연소를 시작했습니다. 200년 전부터 앞으로의 200년을 합치면 400년입니다. 이는 **우리 인간의** 종말을 목격하게 되는 400년일 수도 있겠지요.

여러분과 나는 운명적으로 환경과 관련한 역사의 갈림길 한가운데에 서 있게 되었습니다.

2200년은 여러분 세대의 고손자들이 살아갈 시대일

것입니다. 인류가 문명을 이어 가며 살아남을 수 있는 방법을 알아내려면 5세대 정도의 시간이 남았다는 의미이기도 합니다.

우리가 이야기 나눌 문제들은 아직 더 남았습니다. 그 대부분은 '지구온난화'나 '글로벌 위어딩'이라는 개념보다 훨씬 더 간단하지만, 위험성은 그와 비슷하게 높습니다. 만약 미리 좀 알고 싶다면, 2월 중 캐나다 사람에게 전화를 걸어 지구온난화로 인해 어떤 일이 일어나고 있는지 물어보면 됩니다. 허리케인과 산불과 폭우와 찌는 듯한 폭염이 늘어났다고 하지는 않을 것입니다. 계절과 위치를 고려할 때 캐나다 사람이라면, 기온이 올라가며 주위에서 볼 수 있던 얼음이 녹아내리는 것을 관찰하게 되었다고 이야기할 것입니다.

녹아내리는 빙하

여섯 살 때 잠깐 얼음덩어리를 친구로 삼은 적이 있습니다. 벽돌 두 개를 합친 크기의 단단하고 두꺼운 얼음이었습니다. 이 얼음에 나는 '커빙턴'이라는 이름을 붙여 주었지요.

1970년대 아이들은 걸어서 유치원에 다녔고, 내가 다니던 유치원도 집에서 그리 멀지 않은 곳에 있었습니다. 유치원으로 가는 길에 도로의 어떤 금을 밟고 어떤 금을 밟지 않을지 스스로 선택하면서, 나는 난생처음 짜릿한 독립의 기분을 느끼곤 했습니다. 1976년 무렵,

나는 살짝 녹은 얼음덩이를 차서 몇 발 앞에 보내 놓고
따라가 다시 얼음덩이를 차면서 걷곤 했습니다. 얼음으
로 깡통 차기를 하는 북부 스타일이라고나 할까요. 어
느 날 별로 내키지 않는 걸음으로 학교 운동장에 도착
했는데, 거기서 차고 다니기에 딱 좋은 얼음덩어리를
발견했습니다. 그런데 곧 수업 종이 울려서 나는 이 얼
음을 소화전 근처 눈더미 속에 잘 감춰 놓았습니다. 수

업이 끝나고 나서도 얼음은 거기 그대로 있었고, 나는 얼음을 파내 다시 차면서 집으로 향했습니다. 집에 도착해서는 다음 날을 위해 뒷문 근처에 놓아두었지요. 그리고 다음 날 아침 일어나 이 모든 과정을 반복했지요. 이렇게 커빙턴이 태어났습니다.

★ ★ ★

지구상의 물은 소금기 있는 염수와 소금기 없는 담수로 나뉘는데, 그 둘이 똑같은 비율로 존재하는 것은 아닙니다. 만일 지구상의 모든 물을 양동이 하나에 들어갈 양이라고 가정한다면, 그 양동이는 소금기 가득한 바닷물 4리터 정도로 찰랑거릴 것입니다. 담수는 세 숟가락 정도 되는 양인데, 그 세 숟가락 중 두 숟가락은 얼음으로 되어 있습니다.

15장에서 이야기한 지구온난화로 인해 세상의 얼음이 녹고 있습니다. 인공위성을 통해 지켜보고 있기에, 일상에서 이런 일을 목격할 수 있기에, 휴가지에서 망원경을 통해 살펴볼 수 있기에 과학자들은 이 사실을 확신합니다.

요즘 캐나다에는 기온이 영하로 내려가는 날이 별로

없습니다. 이런 이유로 웬만한 규모의 어린이 아이스하키 리그 시즌은 이어 갈 수 없게 되었고, 소년 소녀들도 더 이상 동네 연못에서 하키를 즐길 수가 없게 되었습니다. 같은 이유로, 네덜란드에서는 아이스 스케이트 마라톤이 지난 20년 동안 열리지 못했습니다. 너무 짧은 기간 너무 얇게 어는 얼음 때문에, 요즘 전 세계 젊은 세대는 이전 세대의 소중한 경험을 이어받지 못하고 성장했습니다.

오늘날 재능 있는 젊은 선수들은 온도가 조절되는 시설을 오가며, 커다란 링크에서 시합할 수 있기를 꿈꿉니다. 그들 중 몇몇은 언젠가 동계올림픽에도 나갈 텐데 아마 그 모든 종목은 실내에서 치러질 가능성이 높습니다. 1926년 이후 동계 올림픽이 열린 23개 개최지 중 거의 절반은 이제 더 이상 스키, 스케이팅, 스노보드 경기를 치를 수 없는 상황이 되었습니다. 여기에는 내가 살고 있는 노르웨이의 오슬로도 포함됩니다. 지금 내가 쓰고 있는 방 북쪽 창밖으로 펼쳐진 야외에서 1952년 올림픽 봅슬레이 경기가 열렸지만요.

아마추어 스키 팬이 스키를 즐길 곳도 빠르게 사라지고 있습니다. 1930년 이후 미국 몬태나주, 유타주, 캘리

포니아주에서 빙원氷原의 4분의 1이 녹아내렸습니다. 콜로라도주는 상황이 훨씬 더 나쁩니다. 일부 지역에서는 빙원의 80퍼센트 이상이 녹아 사라졌습니다. 아마도 미국은 독일, 핀란드, 노르웨이의 발자취를 따라 우리 손자 세대들이 눈에서 놀 수 있도록 (엄청난 에너지 비용을 치러야 하는) 실내 스키장을 건설해야 할 것입니다.

몬태나주 북서부에 있는 글레이셔 국립공원의 얼음 조각들은 1910년 공원 개장 이후로 수많은 관광객을 황홀하게 했습니다. 만일 이곳을 보러 가고 싶다면, 나는 절대 나중으로 미루지 말라고 권하겠습니다. 가족들도 함께 보러 가 보세요. 이 공원의 모든 빙하가 이번 세대에 다 사라져 버릴 테니까요. 스위스, 알래스카, 뉴질랜드, 탄자니아, 노르웨이를 비롯한 곳곳의 산등성이에 자리한 위풍당당한 빙하도 놀라운 속도로 빠르게 녹아내리고 있습니다. 지구상 빙하는 1970년대 이후 점차 녹기 시작했고, 이런 추세는 지난 10여 년 동안 더욱 가속화했습니다. 로키산맥의 빙하는 내가 태어난 이후로 절반이 녹아 버렸고 다른 많은 빙하들은 아예 사라져 버렸습니다. 빙하를 볼 수 있는 풍경이 영영 사라졌고 더 이상 사진으로 남길 수도 없게 되었습니다.

북극 하면 많은 이들이 북극곰과 산타클로스를 떠올릴 테고, 분명 그중 하나는 북극에 살고 있습니다. 하지만 북극해에 떠 있는 얼음덩어리에 대해서는 별로 생각을 하지 않지요. 북극의 바다 얼음은 육지에서 만들어지는 얼음과는 완전히 달라서, 햇빛이 비치는 여름에는 녹아서 줄어들었다가 춥고 어두운 겨울에는 내리는 눈과 함께 얼어붙어서 다시 커지곤 합니다. 따뜻한 계절에는 녹았다 추운 계절이 되면 다시 커지는 얼음의 변화 패턴이 수천 년 동안 북극의 균형 상태를 유지해 주었습니다. 하지만 지난 반세기 동안 이 모든 것이 변했지요.

북극의 해빙기는 여전히 6월 1일경에 시작되지만, 온난화의 영향으로 다시 얼음이 얼기 시작하는 날짜는 계속 늦어지고 있습니다. 1970년대에는 해빙기가 9월이면 끝났지만, 지금은 10월이 되어도 끝나지 않습니다. 이렇게 해빙기가 길어지다 보니 얼음이 어는 기간은 그만큼 짧아집니다. 북극해를 덮고 있는 바다 얼음이 급속도로 얇아지고 모서리는 부서져 내리니, 무언가를 밟고 몸을 지탱해야 하는 북극곰들에게는 특히나 나쁜 소식입니다.

지구상의 얼음은 대부분 북극과 남극에서 볼 수 있습니다. 길고 어두운 겨울 덕에 매년 내리는 눈이 녹지 않고 꽝꽝 얼면서 기존의 단단하고 차가운 얼음과 합쳐집니다. 이런 극지방 덕분에 우주에서 지구를 보면 표면의 10퍼센트 정도가 눈처럼 흰색으로 나타납니다. 지구 온난화가 가속화한다면 이러한 흰색 부분이 점점 줄어들다가 마침내 사라지는 것을 인공위성으로 확인하게 되겠지요.

* * *

　　얼음은 기온이 섭씨 0도 이상으로 올라가면 녹게 되어 있습니다. 아마도 어려서 가장 먼저 해 보는 과학 실험 중 하나는 이런 것이 아닐까요. 아주 어렸던 시절, 엄마가 들고 있는 물컵을 바라보다 그 안에서 반짝이는 네모난 물체의 정체가 궁금했을 것입니다. 엄마가 얼음을 몇 개 꺼내 여러분의 작은 손에 쥐어 주면 유리처럼 투명한 고체와 그 고체가 녹으면서 남기는 물기에 매혹되곤 했을 테죠.
　　1976년 봄이 오면서 나는 커빙턴과 작별하게 되었습니다. 커빙턴이 사라진 날에 대해서는 아무것도 기억나지 않아요. 겨울은 물러가고 온 세상은 언제나처럼 다시 따뜻해졌습니다. 얼음은 모두 녹았고, 5월 1일 노동절이 되었을 때 나는 제니퍼라는 이름의 살아 있는 진짜 친구를 사귀게 되었습니다. 솔직히 말해 커빙턴이 사라졌을 때 슬펐는지조차 기억나지 않습니다. 물의 순환 체계에 대해 공부하기 훨씬 전에 모든 얼음이 녹으면 가는 곳, 환영의 팔을 활짝 내민 그 광대한 대양의 품으로 커빙턴도 향했을 것임을 이미 본능적으로 알았는지도 모릅니다.

높아지는 수위

충직한 개보다 더 고귀한 존재가 이 세상 어딘가에 있을지도 모르지만, 적어도 나는 아직 그런 존재를 만난 적이 없습니다. 모든 종의 개는 그 나름의 매력을 지니고 있지만, 나는 덩치가 크고 갈색에 듬직하기 짝이 없는 체서피크베이 레트리버를 특히 좋아했습니다. 얼마 전, 최근까지 함께 지낸 체서피크베이 레트리버 코코가 긴 세월의 끝을 맞아 깊은 잠에 빠졌습니다. 어느 화요일 오전 나는 남편, 아들과 함께 동물병원 진료실에 둘러앉았습니다. 나는 코코를 무릎에 눕히고 녀석이 얼마나 멋졌는지, 우리 가족이 얼마나 사랑했는지 이야기해 주었습니다. 코코의 호흡이 느려지다 마침내 멈추었을 때, 코코의 심장 박동이 내 심장 박동보다 훨씬 천천히 잦아드는 것이 느껴졌을 때, 코코가 이런 방식으로 세상을 떠날 것이라는 생각을 해본 적이 없음을 깨달았습니다.

체서피크베이 레트리버는 수영을 좋아합니다. 대서양의 거친 파도를 헤치고 오리를 물어 오는 견종이기 때문입니다. 코코는 그야말로 이런 체서피크베이 레트리버의 극단적인 사례라 할 수 있었습니다. 우리 가족이 하와이에 살 때 나는 항상 코코넛을 가지고 다녔습니다. 코코가 바다에 떠 있는 커다란 붉은 부표를 가져오려고 늘 고개를 돌려 살피곤 했기 때문이지요. 일단 코코가 바다로 뛰어들기로 결심하면, 상당한 크기의 무언가를 바다로 던져 코코의 주위를 끌고 사냥감을 회수하려는 본능을 작동시켜야 했습니다. 크고 푸석한 코코넛은 그런 속임수를 쓰기에 아주 적당했고요.

바람이 불어오는 쪽에 자리한 카일루아 해안에서 코코의 이런 행동은 두드러졌습니다. 코코는 해변에 잠시 멈춰 서서 밀려오는 파도 너머로 멀리 펼쳐진 바다를

바라보며 완전히 매혹당한 모습
을 하곤 했지요. 30초 후, 심장이
터질 것처럼 달려 나가서 2미터
넘는 파도를 넘으려고 애쓰다 마
침내 그 파도를 올라타고 바다 건너 캘리
포니아 해변을 향하듯 헤엄쳤습니다. 한번은 코코넛 속
임수가 잘 먹히지 않았고, 공황 상태에 빠진 나는 코코
를 뒤쫓아 자유형으로 헤엄쳐 가야 했습니다. 나는 수
면 아래 역류가 우리 둘을 죽음으로 끌고 가기 전에 코
코의 머리를 잡아 해안으로 돌아왔습니다. 지쳐서 온몸
을 덜덜 떨고 비틀거리며 해변으로 올라온 우리는 둘
다 바닷물을 뱉어 냈습니다. 그때 나는 이렇게 위험하
기 그지없는 무모함을 지녔음에도 코코를 사랑한다는
사실을 인정해야 했습니다.

세월이 더 흘렀고, 오래된 코코넛과 그 코코넛을 던
지는 사람에 대한 사랑은 코코를 육지로 돌아오도록 이
끄는 충분한 이유가 되었습니다. 이제 코코는 세상에
없지만, 나는 해변에 홀로 서서 저 멀리 헤엄쳐 나아가
수평선 작은 점이 되어 사라지는 코코를 지켜보는 꿈을
꾸곤 합니다.

나중에 동료들과 이야기도 나누고 지도도 본 후, 나는 코코가 카일루아만에서 멀리 떨어진, 바다 깊이 고정된 채 까딱거리며 움직이는 '웨이브라이더' 부표를 물어 오려 했다는 사실을 알게 되었습니다. 인간의 부족한 감각으로는 요가 볼 크기의 금속 구형체를 볼 수 없지만, 코코는 그 냄새를 맡았거나 거기에 부딪히는 파도 소리를 들었거나 아니면 그저 거기에 부표가 있음을 알고 있었을 것입니다. 이 놀라운 기구에 코코가 마음을 빼앗긴 것은 당연한 일일지도 모릅니다. 가속도계와 레이더, 위성 항법 장치를 갖춘 웨이브라이더는 파도의 높이, 경사도, 방향 등을 지속적으로 또 정확히 측정해 서퍼와 선원들에게 중요한 정보를 전하기 위해 만들어졌습니다.

　　전 세계 바다에 물방울처럼 흩어져 있는 수백 종의 최첨단 센서들은 지구 중심으로부터 정확하게 얼마만큼의 거리에 떠 있는지를 의미하는 '수직 변위'를 포함해 대양의 각종 속성을 매일 여러 차례 측정하고 이를 광범위하게 추적합니다. 수많은 인공위성이 해수면의 아주 사소한 변화라도 모두 기록하기 위해 바다를 계속해서 지켜보고 있습니다. 이런 기계들 덕에 오래전 부두 끝자락에 세워진 오두막 같은 '조위 관측소'는 대단한 발전을 이루게 되었습니다.

1880년 이후 100년 넘게 이루어진 측정 결과에 따르면, 전 세계 해수면의 평균 높이는 17센티미터 이상 높아졌습니다. 이러한 상승의 절반 이상이 내가 태어난 1969년 이후 발생했는데, 이는 지구 해수면이 상승했을 뿐만 아니라 상승 속도도 빨라지고 있다는 의미입니다.

바다에 떠 있는 수천 가지 단순한 기구들이 오랫동안 해수면이 계속 높아지고 있다는 사실을 명확하게 보여주고 있긴 하지만, 그 상승 과정은 우리 예상처럼 어디에서나 다 비슷하지는 않습니다. 바다는 솟구쳐 올랐다 내려가고, 땅도 솟아올랐다 다시 내려가기를 거듭합니다. 이렇게 바다와 육지가 모두 역동적으로 움직이기에, 1960년대 이후 20센티미터나 해수면이 높아진 미국의 텍사스만 일대처럼 어떤 장소에서는 해수면 상승 폭이 평균보다 높았습니다. 여기 노르웨이 오슬로에서는 육지가 바다보다 더 빠르게 상승하고 있습니다. 빙하가 녹으며 무게가 줄어들자 육지가 조금씩 솟아올라, 오슬로 피오르의 순수 수위는 1960년 이후 실제로 10센티미터 내려갔다고 볼 수 있습니다.

지난 50년 동안 일어난 전 세계 해수면 상승의 약 절반 정도는 빙하가 녹아 그만큼이 바다에 더해졌기 때문에 발생했습니다. 나머지 절반의 해수면 상승은 대양 표면의 온도가 높아져서 일어납니다. 바다는 온실효과로 인해 발생한 대부분의 열을 흡수하는데, 이렇게 온도가 올라가면 바닷물도 팽창합니다. 바다 표면의 평균 온도는 지난 50년간 화씨 1도 이상 높아졌습니다. 그리고 데워진 바다가 불어나면서 전 세계 해수면이 7센티미터 이상 높아지게 되었습니다.

바닷물이 따뜻해지자 바다 생명체들 역시 어리둥절해하고 있습니다. 북미 연안에 사는 물고기들은 더 차가운 물을 찾아 평균 약 60킬로미터 북쪽으로, 수면에서 10미터 정도 더 깊은 곳으로 향합니다. 물론 이런 상황은 어업도 변화시켰습니다. 바닷가재들은 1970년 이후 평균 160킬로미터 북쪽으로 이동했는데, 이 무리를 잡으려면 어선들도 그만큼 멀리 따라갈 수밖에 없습니다.

해수면 상승은 육지 생물에도 영향을 끼치는데, 어떤 문제는 명확하게 확인할 수 있지만 또 어떤 것은 잘 드러나지 않습니다. 해수면이 높아지면 육지가 바닷속으로 잠기게 됩니다. 사람들이 도시와 호텔과 집과 공장

과 창고를 지을 수 있는 마른 땅이 물속으로 사라지는 것이지요. 1996년 이후, 미국 동부 해안에서 50제곱킬로미터에 해당하는 땅이 바닷속으로 사라졌습니다. 귀중한 해안 토지의 손실이 아닐 수 없습니다. 해수면 상승으로 인한 또 다른 영향이 구체적으로 나타나려면 시간이 꽤 많이 걸릴 것입니다. 농지에 바닷물이 밀려들고 지하수에 염분이 스며들면, 비옥한 토양과 사람이 마실 수 있는 물을 영원히 망치게 되겠지요.

현재 지구 인구의 4분의 1이 해변에서 100킬로미터 이내의 지역에 살고 있습니다. 우리는 네덜란드에 설치된 것과 비슷한 제방 시스템을 사용해 현대 기술로 가능한 최상의 보호책을 준비할 수도 있겠지요. 하지만 해수면은 계속 더 높아져서 앞으로 100년 동안 수많은 사람들의 보금자리를 빼앗을 것이고, 또 다른 수많은 사람들이 근방에서 식수를 구하지 못하게 되며, 바다에 인접한 논과 밭은 농사가 불가능해질 것입니다. 이런 악영향은 저지대나 침수 지역에서 더 심각하게 나타날 테고, 가난해서 적절한 방제 공사를 할 수 없는 사람들에게 더 큰 해를 입힐 것입니다.

강어귀 삼각주가 발달한 방글라데시는 해수면 바로 위에 자리한 나라입니다. 방글라데시 국경선 안을 살펴보면 미국 인구 절반에 이르는 사람들이 앨라배마주 크기의 땅에서 생계를 유지하고 있습니다. 해수면이 계속 높아지면 방글라데시 국토는 앞으로 30년 동안 20퍼센트 줄어들게 될 것이고, 많은 인구가 훨씬 더 줄어든 땅에서 더 적어진 자원으로 살아가야 합니다. 방글라데시 사람들이 지난 50년 동안 대기 중으로 뿜어낸 이산화탄소는 전 세계 배출량의 1퍼센트가 채 되지 않는데, 그 영향에 대해서는 가장 비싼 대가를 치르게 되는 것입니다. 하지만 사실 이런 일은 아주 흔하게 일어납니다. 화석 연료의 사용으로 이익을 보는 사람들과 그 지나친 사용으로 가장 많은 고통을 받는 사람들이 일치하지 않는 것이지요.

이산화탄소는 온난화를 통해 바다에 영향을 미쳤을 뿐만 아니라 바닷물에 흡수되어 바다를 직접적으로 변화시켰습니다. 톡 쏘는 맛을 내기 위해 콜라에 이산화탄소가 주입되는 것처럼, 화석 연료를 태워 발생한 이산화탄소의 3분의 1은 바다로 흡수됩니다. 치과의사들은 청량음료가 치아에 나쁘다고 이야기하는데, 그 이유 중 하나는 이산화탄소가 물과 만나면 산酸을 만들어 치아 표면을 덮고 있는 물질을 부식시키기 때문입니다. 바닷물의 산도가 높아지면 비슷한 일이 바다에서도 일어납니다. 산호초는 심각하게 훼손되고, 갑각류는 성장이 힘들어지는 것은 물론 단단한 외피를 유지하는 것도 점점 어려워집니다. 우리가 화석 연료를 계속 사용하면 점점 더 많은 이산화탄소가 매일 대기 속으로, 또 바다로 유입되겠지요.

                                    ✱ ✱ ✱

　빙하 이야기로 잠시 돌아가 볼까요. 지난 50년 동안
일어난 해수면 상승의 절반이 녹아내린 빙하가 바닷물
에 더해졌기 때문이라는 사실을 기억하나요? **이미 녹
아** 대양으로 흘러 들어가는 바람에 해수면을 높여 수천
명의 보금자리를 **빼앗은** 얼음의 양은, 미래에 온난화로
녹을 얼음의 5퍼센트가 채 안 됩니다.

　16장에서 이야기한 모든 얼음(말하자면, 전 세계 빙하와
북극해를 덮고 있는 바다 얼음)은 그린란드와 남극 대륙을 덮
고 있는 광대한 빙원에 비하면 아주 작은 부분입니다.
그린란드의 바위투성이 대지를 덮고 있는 얼음이 녹아
흔들리기 시작했고, 북극의 남은 지역과 마찬가지로 매
년 수십억 톤의 얼음이 녹고 있습니다. 다행스럽게도 녹
은 물 중 일부가 대륙 빙하의 표면을 따라 흘러가다 다
시 얼어붙는데, 그래도 일부는 바다로 흘러 들어갑니다.

　두께가 1.5킬로미터에 이르고 100만 년 정도 된 남
극의 대륙 빙하는 전 세계 얼음의 90퍼센트 정도를 차
지합니다. 지금까지 우리는 북극에 비해 남극의 얼음은
비교적 덜 녹는다고 생각해 왔습니다. 하지만 이런 상

황이 바뀔 수도 있습니다. 레이더를 통해 살펴보면 태평양 쪽을 향해 넓게 펼쳐진 남극 지역에서도 얼음이 서서히 벗겨지고 있습니다. 온난화가 계속되어 남극 대륙의 빙하가 정말로 녹아내린다면 엄청난 양의 물이 바다로 흘러 들어가 해수면을 대폭 상승시킬 것입니다.

***

간단한 측정으로 얻어낸 이산화탄소와 기온, 얼음의 양, 해수면 상승 등에 관한 전 세계의 기록을 살펴보면 지난 20여 년 동안의 명백한 추세를 확인할 수 있는데, 여기에서 끝나지 않는 논쟁이 등장하게 됩니다. 컴퓨터를 켜기만 하면 기후변화를 부정하는 이야기가 나오는데, 이론적인 뒷받침도 없고 제대로 다듬어지지도 않은 내용이 많습니다. 또 다른 링크를 클릭하면 위선과 과장으로 무장한 기후 위기론자들의 이야기가 쉬지 않고 등장합니다.

대기가 우리 생각에 신경이라도 쓰는 것처럼, 고함을 치면 높이 차오르던 물이 다시 빙하로 돌아가는 것처럼, 논쟁에서 이기면 그 자체로 무언가 목표를 달성하는 것처럼 사람들은 두 개의 진영으로 나뉘어 인터넷을 통해 상대를 자극하고 공격합니다.

그러는 동안 과학자들은 무슨 일이 일어나고 있는지 계속해서 관찰하고 측정을 이어 가고 있습니다. 그냥 하는 말이 아니라, 이는 정말 어려운 일입니다. 오늘날의 기후 과학자는 인디애나 존스나 자크 쿠스토(프랑스의 유명한 해양 탐험가—옮긴이) 같은 모험가라기보다 걱정 가득한 종양학자에 가깝습니다. 지구는 병들었고 무언가 심각한 상태가 된 것은 아닐까 하며 모두 걱정하고 있습니다. 여기에서는 기온이 올라가고, 저기에서는 빙산이 녹아내리며, 또 다른 곳에서는 홍수가, 허리케인이, 눈보라가 일어나고 있습니다. 이런 상황은 정상이 아니고, 정확한 진단을 내리고 치료 계획을 세우기 위해서는 실험이 필요합니다. 보이는 것처럼 상황이 심각하지 않기를 바라지만 확실한 답을 얻기 위해서는 도움과 협력과 약간의 인내심이 필요합니다.

지금 대기 중의 이산화탄소 농도는 지난 수백만 년의 그 어느 시기보다 높습니다. 빙하는 녹아내리고 바닷물은 더 높이 차오르며 날씨는 요동치기 시작했습니다. 우리의 지구는 상태가 좋지 않습니다. 그 징후가 걱정스러운 정도인데 그냥 둔다고 저절로 나아지지는 않을

것입니다. 행동할 수 있었을 때 그 얼마 안 되는 가능성
을 다 써 버렸고, 이제는 시간이 부족합니다. 주위의 많
은 것들이 사라지기 시작했기 때문에 우리는 알 수 있
습니다.

18

가혹한 작별 인사

2005년 아르헨티나 포르토 알레그레에 있는 PUCRS 대학교 어류학 연구실의 문을 열기 전에, 나는 죽은 물고기를 엄청나게 많이 만나게 될 것이라고 단단히 마음의 준비를 했습니다. 하지만 냄새는 미처 대비하지 못했어요. 문을 열자 눈물이 날 정도로 강력한 냄새가 풍겨 왔습니다. 진한 술 냄새 말고는 아무것도 느껴지지 않았습니다. 실험실은 보드카 병 속 같았어요. 위스키가 가득 든 욕조에 빠졌다가 다시 진gin(독한 증류주의 하나─옮긴이)의 바닷속에 가라앉은 보드카 병 말이지요. '리우그란지두술 교황청 가톨릭대학교Pontifícia Universidade Católica do Rio Grande do Sul'의 이니셜을 딴 PUCRS 대학교는 브라질 남부 자쿠이강 어귀에 있습니다. 그리고 이 대학교에는 남미에 서식하는 모든 담수어의 최신 목록을 만드는 최첨단 연구실이 있습니다. 브라질은 오늘날 생물학자들의 상상을 완전히 넘어서는 나비, 곤충, 꽃, 물고기, 양서류 등으로 가득한 나라이고, 그 연구실은 그 식물계와 동물계의 믿을 수 없는 다양성을 기록하기 위해 만들어진 기관 중 하나입니다.

현재 열대 지역의 민물고기는 수천 종이 알려져 있는데, 그중 절반 정도가 브라질에 살고 있습니다. 브라질에 서식하는 담수어의 상당수는 브라질 **고유종**인데, 이는 원래 서식지에서만 살아간다는 의미로 요즘 같은 시기에는 흔하지 않은 일입니다. 내가 방문한 PUCRS 연구실은 수집 프로젝트에 몰두하고 있었습니다. 학생들은 팀을 이루어 브라질 남부와 동부의 강을 가로질러 그물을 설치했습니다. 강에서 물고기 수백 마리를 잡아 연구실로 가져온 후, 분류하고 충분한 연구를 거쳐 이 모든 물고기에 대해 제대로 설명할 수 있을 때까지 알코올에 넣어 보존합니다. 그물로 건져 가져온 물고기들은 깜짝 놀랄 정도로 다양했습니다. 대부분의 과학자에게 새로운 종을 발견하는 일은 굉장히 특별하고 일생에 한 번 일어날까 말까 한 사건이지요. 그런데 그곳 남미의 생물학자들은 평균적으로 4일에 한 번씩 새로운 종을 발견했습니다.

그곳에는 연구실과 복도에서부터 발코니에 이르기까지 모든 벽을 따라 내 어깨까지 오는 크기의 흰색 통이 늘어서 있었습니다. 각 통에는 뚜껑이 달려 있었는데 뚜껑 손잡이를 들어 올리면 40개 이상의 낚싯줄이 딸려 올라오고, 각각의 낚싯줄 끝에는 죽은 물고기가 달려 있었습니다. 이런 상황이니 실험실을 안내해 준 사람이 마시는 커피 잔에 물고기가 떠 있다고 해도 별로 놀랍지 않을 것 같았습니다.

"이 물고기를 다 조사할 수 있나요?" 최근 잡은 물고기를 확인하기 위해 서류 작업을 시작하는 여성 연구원에게 물었습니다.

"결국 그래야 하겠죠." 그가 대답했습니다. "우리는 이미 물고기들이 빠른 속도로 줄어들고 있는 것을 확인했어요. 여기서 우리가 하는 대부분의 일은 물고기가 멸종되기 전에 한 번이라도 그 물고기의 얼굴을 확인하는 거예요."

PUCRS 연구소가 브라질 고유종 어류의 수를 세고 각각의 특징을 설명하려 애쓰는 데에는 이유가 있습니다. 이 물고기들이 생태계에서 '탄광의 카나리아' 역할을 하기 때문입니다. 담수성 서식지는 지구 표면의 1퍼센트 미만에 지나지 않지만 지구 생물종의 최소 6퍼센트가 살고 있습니다. 담수 서식지 내에서 멸종 위기에 처한 생물종의 비율은 육지와 바다의 위기종을 합쳤을 때의 그것보다 훨씬 더 높습니다.

PUCRS 연구실 부근을 거쳐 구아이바 호수에 머물렀다 대서양을 향해 흘러가는 자쿠이강은 인구 밀집지 근처에 위치한 전형적인 브라질 강입니다. 2000년에 도나 프란시스카 댐이 건설되며 자쿠이강의 상류가 막혔습니다. 그러자 댐 위쪽 땅 20제곱킬로미터가 물에 잠기며 저수지가 들어섰습니다. 그 결과 500가구가 넘는 사람들이 집을 버리고 새로운 곳으로 이주해야 했습니다.

여러 가지 이유로 댐을 만들지만, 모두 같은 결과를

위험을 알려 주는 신호가 되는 대상. 카나리아라는 새는 유독가스에 민감하여, 광부들이 탄광으로 데리고 들어가 그 반응을 살피며 일하곤 했습니다. - 옮긴이

낳습니다. 이전에 아무것도 없던 상류 지역에 호수가 만들어집니다. 농업용수로 사용하거나 가축의 식수로 이용하거나 공장의 각종 기계를 씻거나 냉각하기 위해 대량의 물을 끌어오려고 할 때 고여 있는 호수 물을 이용하는 것이 흘러가는 강물을 이용하는 것보다 훨씬 수월합니다. 13장에서 이야기한 것처럼 댐 위쪽에 갇혀 있는 물은 전기를 생산하기 위해 아래로 방류될 수도 있습니다. 보통 산업적 목적으로 댐을 만들다 보니, 댐이 세워지면 거의 언제나 주변 농업과 공업이 이전보다 번성하게 됩니다.

하지만 댐이 건설되면, 댐 하류 생명체들의 상황은 영원히 달라집니다. 가장 두드러지는 변화는 예전에 자유롭게 흐르던 물의 양이 대폭 줄어든다는 것이지요. 일단 흐르는 강물의 양이 줄어들면 물고기와 곤충, 양서류가 살아갈 공간도 축소됩니다. 생물체들이 과하게 몰리면 먹이와 공간을 얻기 위한 경쟁이 심해지고 각종 자원이 부족해져서, 강에 사는 많은 생명체가 죽게 됩니다. 그렇기 때문에 브라질의 생물학 실험실이 흐르는 시간과 다투며 연구를 하고 있는 것입니다. 연구자들은 오늘 이곳에 어떤 물고기들이 존재하는지 알고 싶어 합니다. 그래야 내일 어떤 종이 사라졌는지 알 수 있기 때문입니다.

★ ★ ★

멸종은 지구에서 일어나는 자연스러운 일입니다. 새로운 먹이나 서식지가 등장하면 새로운 생태적 지위의 틈새, 즉 '생태적 적소適所'라고도 하는 공간이 열립니다. 이때 어떤 종의 일부가 그 환경에 적응할 기술을 익히면 따로 옮겨 나가서 번식을 해 스스로 무리를 이루고, 여기서 오래지 않아 새로운 종이 태어납니다. 열린 적소는 환경 변화가 일어나거나 더 강력한 경쟁자가 이사를 오면 닫혀 버립니다. 이런 적소가 사라지고 나면 여기에 맞춰 살아온 각종 생물종이 쇠퇴하고, 결국 멸종에 이르게 됩니다. 고생물학자들은 오랫동안 화석을 통해 이런 과정을 살펴보았고 다양한 종이 끊임없이 등장했다 또 끊임없이 사라지는 것을 확인했습니다. 평균적으로 하나의 생물종은 1000만 년 정도 이어집니다. 이런 등장과 멸종의 사이클은 30억 년 동안 이루어져 왔고, 오늘날 존재하는 것보다 훨씬 더 많은 종이 멸종되었습니다.

아주 드문 일이긴 한데, 생태적 적소들이 한꺼번에 닫힐 때가 있습니다. 이런 사건을 바로 대멸종이라고 합니다. 지난 5억 년간의 화석을 살펴보면 다섯 차례의 재앙에 대한 증거를 확인할 수 있는데, 심할 때는 짧은 기간에 존재하던 생물종의 70퍼센트가 한꺼번에 사라져 버리기도 합니다. 가장 최근의 대량 멸종은 약 6600만 년 전에 발생했고, 이로 인해 공룡이 사라졌습니다. 오늘날 생물종이 멸종되는 속도를 보면 우리가 여섯 번째 대멸종을 향해 나아가고 있는 것이 아닌지 두렵습니다.

나는 지난 수십 년간 이루어진 연구를 살피다 불안한 점을 발견했습니다. 새와 나비의 경우 종의 절반 정도가 사라졌고, 물고기와 식물은 4분의 1이 사라졌습니다. 우리는 눈앞에서 빠른 속도로 먹이사슬의 가장 아래 단계부터 생물종이 줄어드는 것을 목격하고 있습니다. 잉어의 일종인 굵은꼬리처브를 비롯해 로키산메뚜기, 강치, 검은자라, 스트링우드나무 등 여러 종에서 개체수가 빠르게 줄어들다가 결국 멸종으로 이어지는 것을 확인했습니다.

오늘날 넓은 지역에서 생물종이 감소하는 첫 번째 이유는 서식지 파괴입니다. 도시가 팽창한다는 것은 곧 식물과 동물이 살 곳이 점점 줄어든다는 의미입니다. 유럽에서 온 이주자들이 첫발을 내딛은 후, 북미와 남미 열대우림의 88퍼센트, 산호초의 90퍼센트, 키 큰 풀로 이루어진 북미 대초원의 95퍼센트가 사라졌습니다. 그리고 이런 환경이 만들어 낸 생태적 적소와 지위에 적응해 살았던 생물종들도 거의 사라져 버렸습니다. 토착 생물종들이 살던 곳에 사람들이 건설한 도시와 교외 지역, 항구, 농지는 새로운 생태적 적소를 만들어 냈습니다. 이 틈새는 1600년대와 1700년대에 유럽인들과 함께 들어온 '침입종'인 미생물, 곤충, 식물과 동물이 차지하게 됩니다.

생물종의 쇠퇴를 가져온 두 번째 요인은 15장에서 살펴본 기후변화입니다. 폭염으로 인해 박쥐 군락이 완전히 파괴되었고 극지방의 얼음이 녹아 북극곰의 사냥터가 사라졌습니다. 이산화탄소 증가로 자생종 나무보다 덩굴옻나무가 훨씬 더 무성하게 자라게 되었고, 온난화로 인해 푸른바다거북의 알이 모두 암컷으로 부화할 위험도 나타나고 있습니다(푸른바다거북의 알은 주변 온도의 높고 낮음에 따라 암컷이나 수컷으로 부화합니다 - 옮긴이). 예전에는 자연 상태였던 곳들이 콘크리트, 아스팔트, 도랑, 마당 및 울타리로 이루어진, 보다 균일하고 지루한 장소로 바뀌었습니다. 그러자 그곳에서는 외래종 '잡초'가 다양한 토착종을 몰아내고 번성하게 되었습니다.

대멸종과 일반적인 멸종을 구분하는 한 가지 중요한 기준은 종의 손실이 얼마나 빠르게 일어나는지입니다. 자연적인 원인으로 인해 어쩔 수 없이 일어나는 멸종을 '배경 멸종'이라고 합니다. 배경 멸종은 수백만 년에 걸쳐 서서히 일어나지만, 대멸종은 비교적 짧은 수천 년 동안 일어납니다. 현재 전 세계 생물종의 멸종률은 고생물학자들이 화석을 통해 계산한 배경 멸종률보다 1000배 더 높은 수치입니다. 지금과 같은 속도라면 2050년에는 전 세계 생물종의 4분의 1이 사라질 것입니다. 이는 대멸종의 정의에 부합하는 수치의 3분의 1 수준에 해당합니다.

대멸종을 거치며 생물종의 몇몇 계통은 사라졌지만 그래도 자연은 생명을 계속 이어 나갔습니다. 식물은 다시 땅 위를 초록으로 덮었고 바다에서도 생명체들이 다시 번성했습니다. 다른 종이 등장해 자리를 잡고 다

른 풍경을 만들어 냈습니다. 시간은 앞으로 전진해 나
갔습니다. 여섯 번째 대멸종 이후에도 지구상에 생명체
가 존재하겠지만, 두 발로 걷고, 불도저를 몰고, 비행기
를 타는 포유류가 세상을 지배할 것이라고 상상하지 못
했던 공룡들처럼 우리도 이후의 일을 상상할 수는 없을
것입니다.

모든 종은, 심지어 인간도 결국 멸종할 것입니다. 이
것은 자연의 몇 안 되는 영원한 이치 중 하나입니다. 지
금까지는 아직 열차가 역을 완전히 떠나지 않은 상태입
니다. 우리는 여전히 인간이라는 종의 소멸을 어느 정
도 통제할 수 있습니다. 인간이 마지막을 맞는 시간을
얼마나 늦출지, 우리 다음 세대와 또 그다음 세대들이
겪게 될 고통을 얼마나 줄일지와 같은 문제에서요. 무
언가 행동에 옮기고 싶다면, 우리가 하는 일이 의미를
가질 때 빨리 시작해야 합니다.

19

또 다른 페이지

 내가 어렸을 때 아버지는 온 세상 사람들이 전쟁도 배고픔도 결핍도 없이 모두 함께 살아가게 될 것이라고 이야기하셨습니다. 그게 언제냐고 물었더니, 확실하지는 않지만 그런 날이 꼭 온다고 믿는다 하셨지요.

 그 후 한참 지나, 나는 아버지에게 그때가 언제일지 확실해졌냐고 다시 물었습니다. 내가 막 아홉 살이 되었을 때였는데 아버지의 의견을 물을 정도로는 성숙했지만 아버지의 대답을 듣기에는 아직 어린 나이였을 것입니다.

"사람들 모두 다른 나라에서 살고 서로 다른 언어를 사용하는데 어떻게 그럴 수가 있죠?" 도무지 믿기지 않아 물었습니다.

"국경이란 바뀔 수 있단다." 아버지는 차분하게 대답하셨습니다. "우리는 서로의 언어를 배울 수 있어. 인간은 무엇이든지 배울 수 있는 종이니까."

나는 막내이자 유일한 딸로 아버지 인생 느지막이 태어났습니다. 우리가 이런 이야기를 나누었을 때 아버지는 55세였는데, 당신 인생에서 세계지도가 완전히 바뀌는 것을 이미 두 번이나 목격한 상태였지요. 하지만 그 이유만으로 아버지가 세상을 변화시키는 인간의 능력을 믿었던 것은 아니었습니다.

아버지가 그렇게 믿은 것은 당시 동네의 모든 사람과 그 자식들에게 물리학과 화학, 미적분학, 지질학을 가르치면서 그들이 성장하고 변화하는 것을 경험했기 때문입니다. 라디오라는 마술이 텔레비전이 되고, 전보는 전화가 되고, 종이 테이프를 사용하던 컴퓨터가 펀치카드를 거쳐 결국에는 인터넷이라는 마법으로 변하는 것을 직접 보았기 때문입니다. 아버지가 그렇게 믿은 것은 자신의 가족 때문이기도 했습니다. 아이들에게는 (당신의 할머니와 달리) 출산의 위험을 이기고 살아남은 어머니가 있었고, (당신의 부모와 달리) 대학에 갈 기회가 있었으며, 그들은 (당신 자신과 달리) 소아마비의 그늘에서 벗어나 자유롭게 자랐으니까요

아버지가 그렇게 믿은 것은 딸인 나를 사랑했기 때문이었고, 아버지 덕분에 나 역시도 그런 믿음을 품게 되었습니다. 열심히 일하고 사랑한다면 결국 우리가 간절히 바라는 일이 실현될 것이라는, 나의 첫 번째 과학 선생님이자 내가 가장 좋아한 과학 선생님의 말을 믿었습니다.

* * *

기온이 올라가는 것을 막고 더 나아가 이를 변화시키기 위해, 대기 중의 이산화탄소 양을 줄이는 많은 방법이 이야기되었습니다. 그중 어떤 것은 꽤 괜찮아 보이기도 했습니다. 하나는 대기에서 이산화탄소를 분리해 농축한 다음 용기에 밀봉하는 것이었습니다. 식당의 탄산음료 기계 옆에 자리한 금속 탱크가 바로 그 원리를 사용한 것입니다. 탱크 안에는 농축된 이산화탄소가 가득 차 있습니다. 공학자들은 대기 중에서 이산화탄소를

추출해 액체 상태로 압축한 후 영원히 지구 깊숙이 가둬 놓는 방법을 제안하기도 했습니다. 해저 암석층 사이, 석유 시추공, 석탄 채굴 후 비어 있는 굴 같은 곳에 말이지요. 문제는 이산화탄소를 모으고 압축하고 운반하고 주입하는 과정에서 우리가 없애려 하는 것보다 훨씬 더 많은 에너지를 사용하게 된다는 점입니다. 이 말은 기계와 트럭 엔진, 동력 드릴을 통해 태워 버리는 화석 연료의 양이 고생해 모아들일 이산화탄소 양보다 훨씬 많다는 의미이기도 합니다. 그럼에도 불구하고 몇몇 나라에서는 '탄소 포집 및 저장법'이 언젠가 손익분기점에 도달할 수 있도록 계속 연구하며 개선하고자 노력하고 있습니다.

이와 비슷하게 흥미로운 방법이 암석 풍화를 자극해 이산화탄소를 모으는 것입니다. 매년 소량의 이산화탄소가 자연적으로 대기 중 빗물에 섞여 들어갑니다. 그럼 이 빗물은 약한 산성을 띠고 토양에 스며 기반암으로 녹아 들어가게 됩니다. 과학자들은 화산 광물을 갈아서 인도, 브라질, 동남아시아의 열대림과 농장 밭에 뿌려 풍화가 이루어지는 암석의 표면적을 늘리는 것은 어떻겠냐고 제안했습니다. 하지만 탄소 포집과 저장을 위해 암석을 갈고 운송하고 뿌리는 데 사용되는 에너지가 너무 많기 때문에, 적어도 앞으로 몇 세기 동안은 이런 방식을 통해 허비되는 에너지가 이산화탄소 감소를 통해 얻는 이익을 압도할 것입니다.

또 다른 인기 있는 해결책은 식물 성장을 자극하는 것입니다. 대기 중에서 자연스럽게 이산화탄소를 끌어내 살아 있는 식물 조직, 세포벽과 잎과 숲으로 옮기는 것이지요. 땅에서 자라는 나무와 바다에서 자라는 해초들이 바로 이런 일을 하고 있습니다. 비행기를 타고 하늘을 날 때 발생하는 이산화탄소에 대한 보상으로 나무 심을 돈을 지불하게 만드는 방법도 있습니다. 매력적인 아이디어처럼 보이지요. 숲이 더 많이 생긴다는데 좋아하지 않을 사람이 누가 있을까요? 하지만 이런 해결책은 숫자상으로도 잘 맞지 않을 때가 많습니다. 대부분의 경우 묘목이 풍성한 잎과 두툼한 몸체를 갖춘 나무로 자라나는 데에는 수십 년이 걸리니 보상이 느립니다. 나무가 영원히 세포 조직 안에 이산화탄소를 가둬 둘 수도 없습니다. 매년 잎과 바늘잎이 땅에 떨어져 시들어 썩어 가면 탄소가 이산화탄소 형태로 대기 중에 방출됩니다. 숲에서 이산화탄소를 가장 안정적으로 보관하는 방법은 썩어서 토양으로 되돌아가는 적은 양의 식물들을 통해서인데, 그렇게 새로운 토양이 형성되려면 짧게는 수백 년에서 길게는 수천 년까지 걸립니다. 나무를 심어 에너지 사용분을 상쇄할 수도 있겠지만, 우리가 살아 있는 동안은 물론이고 우리 다음 세대에서도 아마 불가능할 것입니다.

더 가능성이 높아 보이는 방법은 바다 표면에서 자라는 식물의 성장을 촉진시키는 것입니다. 태평양에는 중요한 영양소가 한두 가지 부족한 바다가 있는데, 여기에 녹조와 식물성 플랑크톤의 거대한 군집을 몇 주 안에 키워 낼 수 있습니다. 이런 작은 식물이 죽으면 해저로 가라앉아 자신의 세포를 구성하던 이산화탄소를 효과적으로 잡아 두게 될 것입니다. 열대 바다에 아연이나 인을 함께 뿌리면 해초와 플랑크톤이 더욱 풍성해지겠지만, 바다 식물이 잡아 둘 수 있는 정확한 이산화탄소의 양은 아직 확실하게 밝혀지지 않았습니다. 해초나 플랑크톤을 먹고 살아가는 물고기를 포함해 해양 생물들이 어떤 영향을 받게 될지도 아직 확실하지 않지요.

지구 기온의 상승을 막는 또 다른 대안은 쏟아지는 햇빛의 양을 줄이는 것입니다. 태양 에너지가 지구 대기 중에서 어떤 작용을 하기 전에 차단하는 것이지요. 이론적으로는 이런 방법을 통해 화석 연료 사용을 줄이지 않고 기온을 낮출 수 있을 것입니다. 그래서 더운 날씨에 자동차 앞 유리에 가림막을 설치하는 것처럼 태양 궤도 안에 거대한 차광막을 설치하는 방법을 비롯해 태양 광선을 막는 여러 가지 방법이 이야기되었습니다. 이런 방법도 나왔습니다. 1991년 필리핀의 피나투보 화산이 분화를 시작했을 때 엷은 안개층이 생겨 거의 2년 동안 지구 일부 지역의 온도가 섭씨 1도 정도 낮아졌던 것에서 착안해, 구름 위로 미세한 에어로졸 입자를 뿌리는 방법입니다. 이러한 방식은 거의 즉각적으로 상당한 냉각 효과를 낸다는 장점이 있습니다. 하지만 이는 매우 위험한 생각이기도 합니다. 대기의 열 균형에 함부로 손을 대면 날씨를 교란하게 되어 강수량이 줄어들고 가뭄이 더 빈번하게 일어나 전 세계 농업에 영향을 미치게 되니까요.

해수면 상승과 관련해서는 네덜란드의 암스테르담처럼 기술적 설계를 통해 성공적으로 범람에 대비해 온 오랜 전통을 활용할 수 있습니다. 이 기술에는 비용이 많이 들기에 방글라데시처럼 경제적으로 어려운 나라들은 활용하기가 쉽지 않습니다. 앞으로 수 세기에 걸쳐 점점 더 많이 녹아내려 바다로 유입될 극지방의 육빙陸氷을 막을 새로운 건설 공법도 등장하고 있습니다. 그린란드 서쪽에 콘크리트 벽을 쌓아 따뜻한 바닷물이 빙하 밑부분과 접촉하지 못하도록 막는 방법도 여기에 포함됩니다. 이보다 더 야심 찬 제안은 해저에 고정된 인공섬을 만들어 남극 대륙 서쪽의 빙하 덩어리를 받쳐 올리는 계획입니다. 대륙 빙하가 조각나서 녹아내리는 것을 막고 통째로 보존하기 위한 아이디어라고 볼 수 있습니다.

극지방으로 엄청나게 많은 양의 콘크리트와 자갈을 옮기고 중장비를 가져오려면 엄청난 비용이 들겠지만, 일반적으로 25~40조 원이 드는 홍콩 국제공항 건설이나 수력 발전을 위한 중국의 산샤 댐 건설 같은 프로젝트의 비용을 고려한다면 비싸다고만 할 수도 없을 것입니다.

생물종 감소와 멸종을 막으려 한다면 인간의 접근과 개발로부터 서식지를 보호하는 것만큼 확실한 방법은 없습니다. 지구 육지 면적의 약 13퍼센트가량은 현재 어느 정도 법적인 보호를 받고 있는데, 이는 40년 전

에 비해 세 배 이상 늘어난 것입니다. 생태학자들은 이 덕분에 포유류, 조류, 양서류의 멸종률이 20퍼센트 정도 줄어들었다고 봅니다. 또한 많은 나라가 어업과 해상 운송으로부터 바다를 지키기 위해 해양보호구역 설립을 고려하고 있습니다.

그러나 위의 해결책 중 어느 것으로도 문제의 근원을 해결하거나 에너지 절약을 위한 진지한 방향 전환을 이룰 수는 없을 것입니다. 10장에서 오늘날 사용되는 모든 연료와 전기를 전 세계 인구에 균등하게 재분배한다면 전 세계 1인당 에너지 사용량은 1960년대 스위스의 평균 에너지 사용량과 비슷할 것이라고 이야기한 바 있습니다. 이런 상상 속 재분배를 막연히 기다리는 대신 북미, 유럽, 일본, 호주와 뉴질랜드의 현재 에너지 사용량을 그 정도 수준으로 줄인다면, 전 세계 총 에너지 사용량은 20퍼센트 줄고 이산화탄소 배출량도 마찬가지로 줄어들 것입니다.

에너지 절감을 위해 일상생활을 변화시킬 필요성을 가장 절실하게 느껴야 하는 나라는 1인당 에너지 사용량이 세계 1위인 미국입니다. 모든 미국인이 비행기 이용은 다섯 번 중 네 번을 포기해야 하고, 여행을 갈 때는 지금보다 대중교통 이용 거리를 50배 이상 늘려야 합니다. 미국 전체를 놓고 볼 때 자동차 수는 적어도 30퍼센트 정도가 줄어야 하는데, 그렇게 되면 화물 운송업이 영향을 받을 것이고, 사람들은 지금과 완전히 다른 종류의 음식을 먹고 완전히 다른 물건들을 사게 될 것입니다.

좋은 소식이라면 에너지 절약으로 인해 우리 삶의 질이 떨어질 이유가 없다는 것입니다. 1965년 스위스의 기대 수명은 오늘날의 미국과 비슷했고 현재 세계 평균보다 훨씬 높았습니다. 출퇴근 거리만큼 근무일도 짧았습니다. 그때의 삶도 완벽하지 않았지만, 훨씬 적게 화석 연료를 사용하면서도 건강한 삶의 기본을 갖추고 있었지요.

문제를 해결하는 데에 있어, 에너지 절약은 말 그대로 에너지가 가장 덜 드는 접근법일 것입니다. 우리의 손자 세대들이 살아남을 수 있도록 우리 스스로가 자연과 조화를 이루기 위해 강력한 지렛대를 들어 올려야 합니다. 여기에는 한 가지 문제가 있습니다. 운전을 덜 하고, 덜 먹고, 덜 사고, 덜 벌고, 무언가 덜 하는 방식으로는 새로운 부를 창출할 수 없다는 것이지요. 소비를 줄이는 여러 가지 노력은 잘 팔리는 새로운 기술도, 시장에 내놓고 홍보할 만한 새로운 상품도 아닙니다. 그러니 마치 그런 척하는 것은 이치에 맞지 않는 일이지요. 화석 연료 사용에 대해 '탄소세'를 부과하거나 다른 경제적 혜택을 주려던 제안은 기업들로부터 반대에 부딪혔습니다.

자원 절약이 '풍요의 이야기'를 부추겨 온 산업계의 입장과 직접적으로 상충되지 않는다고 말할 수는 없습니다. 지난 50년 동안 증가한 소비가 더 **많은** 이윤, 더 **많은** 소득, 더 **많은** 부의 추구와 관련이 없다고 주장해 봐야 소용없는 일이지요. 주위를 둘러보며 이런 연관 관계가 문명을 만들어 가는 유일한 방법인지 스스로에게 질문해 봅시다. 소비와 풍요가 밀접하게 연결되어 있다는 전제가 가장 큰 위협이기 때문입니다. 언제 어디서 더 **많이** 소비할 수 있는지가 아니라 더 **적게** 소비할 수 있을지 우리 모두 스스로에게 질문해야 합니다. 세상의 모든 비즈니스와 산업계가 우리를 대신해 이런 질문을 던질 가능성은 거의 없기 때문입니다.

여기 이야기한 것 중 그 어느 것도 단독으로는 해결책이 되지 않습니다. 끊임없는 소비가 가져올 굶주림,

궁핍, 고통이라는 어두운 유령으로부터 우리를 구해 줄 수 있는 마법의 알약 같은 것은 없습니다. 우리를 화석 연료 사용으로부터 한발 떨어져 있게 해 줄 온갖 기술을 비롯한 각종 자원 절약 방법들은 모두 의미가 있겠지요. 무언가 하는 것이 아무것도 하지 않는 것보다 나을 테니까요. 과학자뿐 아니라 우리 모두가 내일에 관해 생각해야 합니다. 그리고 각각의 해결책과 관련해 가능성뿐 아니라 그 위험에 대해서도 생각해 봐야 합니다. 그래야 기회가 있을 때 눈을 크게 뜨고 그동안 확보해 놓은 최대한의 가능성을 바탕으로 행동할 수 있을 테니까요.

우리 모두가 공유하는 유일한 대상인 지구는 정치적 공방의 볼모가 되었고, 기후변화는 양쪽에서 모두 활용하는 무기가 되었습니다. 특히 과학자들이 정치적 양극화에 휩쓸리게 되면 우리가 구하려고 애쓰는 지구에 큰 해악을 입힙니다. 미래에는 우리가 무엇을 하고 있는지보다 **우리 모두가** 무엇을 하고 있는지가 중요할 것입니다. '우리 모두'에는 항상 나와 여러분이 포함되어 있고, 앞으로도 그럴 것이라는 사실을 군이 이야기할 필요가 있을까요? 우리 모두는 이 세상에서 일어나는 일들의 한 부분입니다. 세상에 대해 어떻게 느끼든지, 문제를 '인정하든지' 혹은 '부정하든지' 말입니다. 여러분이 환경 문제에 대해 옳은 쪽에 서 있다고 생각하고 기후변화 문제에 확신을 갖고 있더라도, 논쟁을 벌이는 상대편만큼 또는 그 이상 적극적으로 지구를 훼손하고 있을 수도 있습니다. 지나친 자신감이 아니라 겸손함을 바탕으로 한 노력이 우리를 더 나은 곳으로 데려다 줄 수 있습니다.

＊＊＊

이런 내용을 가르치는 동안 매년 적어도 학생 한 명은 수많은 데이터에 압도되어 내 사무실로 찾아와 지구에 희망이라는 것이 있느냐고 묻곤 합니다. 여기 내가 들려준 대답을 소개해 보겠습니다.

물론 희망은 있습니다. 나는 우리에게 희망이 있다고 믿는데, 여러분도 그런 희망을 갖고 그것을 지켜 가면 좋겠습니다.

나는 주변에 이런 문제에 관심을 기울이는 사람들이 많아서 희망을 갖고 있습니다. 내가 아는 가장 똑똑한 사람들이 우리에게 더 많은 사실을 알려 줄 데이터를 모으는 일에 헌신하고 있습니다. 오늘도 많은 사람들이 일찍 연구실에 나와 밤늦게까지 시간을 보내며 해수면 상승과 지구온난화와 극지방 해빙의 정확한 상황을 측정하기 위해 애쓰고 있습니다. 그들은 현장으로 걸어 들어가 어떤 일이 일어나고 어떤 일이 일어나지 않는지 확인합니다. 이런 패턴을 처음으로 발견했던 예전 생태학자들은 오늘날 우리가 매일 사용하는 컴퓨터나 다른 장비를 상상할 수 없었을 것입니다. 우리는 걱정만 하지 않고 열심히 관찰하고 일해 왔습니다. 결국 기상학은 과학의 일부이고, 과학은 예전에 그랬던 것처럼 지금도 비슷한 상황에 놓여 있습니다. 해야 할 일은 너무나 많고 연구비는 너무나 모자라지만, 문제를 알아내기 위해 끊임없이 노력하면서요.

우리가 혼자가 아니라는 사실을 역사가 알려 주기에 나는 희망을 갖고 있습니다. 지난 수백 년간 많은 여성들과 남성들은 우물을 오염시키고, 농작물을 망치고, 사랑하는 사람을 빼앗아 가는 강력한 힘에 무기력하게 분노할 뿐이었습니다. 누군가는 당시의 과학을 미신이라고 깎아 내릴지 모르지만, 그것은 당대 가장 앞선 연구와 진지한 결론에 기반을 둔 것이었습니다. 유전학적으로 볼 때, 우리가 옛날 사람들보다 똑똑하다고 말할 수는 없습니다. 우리는 지금도 그때와 비슷한 암흑 속에서 헤매고 있는지도 모릅니다. 하지만 옛사람들이 살던 시기로부터 수백 년을 거쳐 오면서, 인류는 가장 심각한 전염병에 대해서도 해결책을 찾아냈습니다. 많은 사람들에게 이런 해결책이 너무 늦게 등장한 것일 수도 있지만 그렇다고 이것이 모두에게 너무 늦었다고 말할 수는 없습니다.

이런 이야기를 하고 나면 이 대화에서 가장 힘든 부분에 도달하게 됩니다. 학생들에게 자신의 생활을 돌아보라고 질문할 때지요.

나는 그들에게 이런 이야기를 다시 들려줍니다. '우리는 강하고 운이 좋습니다. 우리 지구에는 아주 적은 것으로 어떻게든 살아남으려고 애쓰고 노력하는 많은 사람들이 살고 있습니다. 먹을 것과 쉴 곳, 깨끗한 물이라는 혜택을 누리는 사람들에게는 지금껏 인간이 망가뜨려 온 세상을 포기하지 말아야 할 의무가 있습니다. 무언가를 알고 있다는 것은 그만큼 책임이 있다는 말이기도 합니다'라고요.

나는 학생들에게 이렇게 묻습니다. 부모 세대보다

10년 더 살 수 있다면 여러분은 무슨 일을 할 건가요? 온 세상 자원의 대부분을 사용하는 20퍼센트의 인구 중 한 사람으로서 우리는 소비를 줄이기 시작해야 합니다. 그러지 않으면 상황이 결코 나아지지 않을 것입니다. 여러분의 생활을 한번 살펴보세요. 가장 에너지를 많이 사용하는 일이 무엇인지 알고 있나요? 그것을 바꿀 수 있겠나요? 우리가 스스로를 변화시킬 수 없다면 이 세상의 여러 제도도 변화시킬 수 없을 테니까요.

그 어떤 것보다 이걸 강조하고 싶습니다. **희망을 가지려면 용기가 필요합니다.** 지구의 변화에 대해 우리가 무엇을 할지도 중요하지만, 교실 안에서 혹은 밖에서 이런 변화에 대해 어떻게 이야기할지도 중요합니다. 우리가 지구를 오염시켰고 그래서 지구가 우리를 거부하고 있다는 무서운 메시지를 마주해야 합니다. 우리가 아는 한, 지구는 여전히 우리 인류의 영원한 집이고 우리는 여기를 떠나서는 살 수 없습니다. 우리가 만들어 온 세상에서 살아가며 앞으로 나아가야 합니다. 풍요에 대한 집착이 가져온 현실을 파악하면서 말입니다. 이때 서로에게 친절하게 굴면 그 과정이 조금은 더 쉬워질 거예요.

이제 새로운 세기를 맞이하며, 우리의 이상과 일치하는 세상을 상상해 볼 때입니다. 우리는 물론 다른 사람들도 무언가 먹어야 하고 어딘가에서 몸을 쉬어야 할 것입니다. 하지만 아직 그 무엇도 결정되지 않았습니다. 30억 명이 못 해낸 것을 80억 명이 해내려면 무엇을 해야 할까요? 이것이 지금까지의 내 인생에서 중요한 질문이었습니다. 우리는 곤경에 처해 있고 완전하지 않지만, 우리는 아주 많고 또 스스로 믿는 만큼의 존재가 될 운명을 타고났습니다. 낭비와 빈곤, 생산과 파괴, 승리와 패배. 역사책에는 많은 이야기가 담겨 있습니다. 하지만 거기에 아직 **우리의** 이야기는 들어 있지 않습니다. 우리 앞에는 새로운 세기가 펼쳐져 있고, 그 이야기는 아직 기록되지 않았습니다. 그리고 모든 저자가 말하듯이 비어 있는 페이지로부터 갑자기 등장할 새로운 가능성만큼 짜릿한 것도, 그만큼 두려운 것도 없을 것입니다.

지구의 풍요를 위하여

우리의 치유는 폭풍이나 회오리바람 속에 있지 않고,
군주제나 귀족정이나 민주주의 속에도 있지 않습니다.
그것은 양심에 속삭이는 조용하고 작은 목소리에 의해 나타날 것이며,
우리를 더 넓고 현명한 인간성으로 이끌 것입니다.

제임스 러셀 로웰 (1884)

1. 우리가 해야 할 행동

이제 책을 모두 읽은 여러분에게 질문을 하나 던지려고 합니다. 좀 더 밝은 미래를 보장하는 정의로운 세상에서 살고 싶은가요?

만일 그 답이 '예'라면, 목표에 도달하기 위해 할 수 있는 일이 많습니다. '로마는 하루아침에 이루어지지 않았지만 하루 만에 불타 사라지지도 않았다'는 말을 기억하면서 말입니다.

1단계 **나의 가치관을 살펴본다**

이 책의 19개 장을 통해 여러 가지 문제를 소개했습니다. 그중 여러분의 일상생활과 관련해 가장 공감 가는 것은 무엇인가요? 가장 큰 두려움과 가장 큰 열정을 불러오는 주제는 무엇이었나요? 이 모든 것을 고려한 후 순서를 정리합시다. 이 목록에서 전 세계의 기아 문제는 어디에 자리할 것 같나요? 생물종의 멸종 문제는? 이상 기후는? 청정 에너지는? 해양 오염은? 동물의 권리는? 공공교통 문제는? 해안 침식은? 건강한 학교 급식은? 국립공원은? 유기농법은? 북극 온난화는? 여성 건강은? 이러한 문제 중 어떤 것은 여러분에게 아주 중요하게 느껴지고 다른 어떤 것은 조금 덜 와닿을 수도 있습니다. 집중해야 할 한 가지 주제, 여러분이 기꺼이 희생을 감내하고라도 해결하고 싶은 문제를 하나 정해 보세요.

2단계 정보를 모은다

나의 일상이 나의 가치관과 얼마나 일치하는지(혹은 대부분의 사람들처럼, 얼마나 일치하지 않는지)를 파악하기 위해 각자의 습관과 가지고 있는 물건을 살펴봅시다. 여러분의 가족이 운전하는 거리는 얼마나 되나요? 얼마나 자주 비행기를 타나요? 다른 선택을 할 수는 없을까요? 하수구로 내려보내는 물 중 여전히 마실 수 있는 물은 얼마나 되나요? 쓰레기로 버려지는 음식 중 여전히 먹을 수 있는 음식은 얼마나 되나요? 고기를 얼마나 많이, 얼마나 자주 먹나요? 옷장을 열고 옷에 붙은 태그를 살펴보세요. 그 옷은 어디에서 만들어졌나요? 그 옷들은 여러분에게 도착하기 위해 얼마나 먼 거리를 여행했을까요? 이번엔 냉장고를 살펴봅시다. 플라스틱 용기에 담겨 있는 식료품은 몇 개나 되나요? 이런 식품들에 '천연 감미료', '옥수수 시럽', '수수당', '옥수수 시럽', '말토덱스트린', '과즙 농축액', '원당', '황설탕', '포도당', 'HFCS'와 같은 가당 성분이 얼마나 많이 들어 있나요? 집 근처에 개발과 보호를 놓고 논란이 일어나고 있는 지역이 있나요? 여러분의 집에 들어오는 전기는 어디서 만들어지나요? 지역 사회에서 '재생 에너지'와 관련한 논의가 이루어지고 있나요? 자동차에 넣는 휘발유는 어디에서 오는 것인가요? 에탄올 연료를 사용하나요 (2024년 9월 현재까지 한국에서는 바이오에탄올을 구입할 수 없습니다 – 옮긴이)? 소비하는 육류 중 먹이로 곡류를 가장 많이 사용하는 동물은 무엇일까요? 먹고 있는 생선 초밥 중 양식장에서 키운 물고기로 만든 것이 있을까요?

3단계 가치관에 맞게 활동할 수 있을까?

실행할 수 있는 변화를 하나만 골라 봅시다. 바꿀 수 있는 한 가지를 선택하세요. 자동차 타기를 조금 줄일 수 있을까요? 카풀을 하면 어떨까요? 비행기 여행을 줄일 수 있을까요? 대중교통을 이용하면 어떨까요? 식료품을(특히 사 놓았다가 바로 쓰레기통으로 가는 항목을) 40퍼센트 정도만 적게 사들이면 어떨까요? 설탕이 든 음식을 줄여 보는 건 어떨까요? 주 단위로 식탁에서 육류를 좀 줄여 보면 어떨까요? 플라스틱으로 만든 물건은 두 번 이상 사용할 수는 없을까요? 겨울철에는 난방 온도를 조금 낮추고 여름에는 냉방 온도를 조금 높이면 어떨까요? 지역에서 생산하는 제품을 더 사용하면 어떨까요? **조금 덜** 사들이는 건 어떨까요? **조금 더 많이** 포기하는 것은요?

✳ ✳ ✳

어떻게 진행되어 가는지 일기를 써 봅시다. 수치와 결과를 기록합시다. 이렇게 처음 세 단계를 거친 후에는 중요하게 여기는 가치와 관련해 훨씬 더 많은 지식을 갖게 되고 경험도 충분해지며, 스스로 겸손해지고 자부심도 느끼게 될 것입니다. 다른 사람들을 설득하는 데 충분하지는 않다 해도 꼭 필요한 과정입니다.

여기까지 왔다면 나는 여러 가지 이유로 여러분을 자랑스럽게 여길 거예요. 이제 더 힘든 부분이 남아 있기는 하지만요.

부록 지구의 풍요를 위하여

4단계 자신의 가치관에 맞게 개인적인 투자를 할 수 있을까?

투자에는 주식, 채권, 상호 펀드 등이 포함되는데, 꼭 그런 것을 구입하지 않더라도 사실 우리는 무언가 구매할 때마다 투자를 하고 있는 것이나 마찬가지입니다. 예를 들어 여러분이 어른이라면, 시내를 돌아다니다 카페에 들어가 카푸치노 한잔을 사 마시는 것은 카페의 위치, 주인이 직원을 대우하는 방법, 커피 원두를 구하는 방법, 카페에서 사용하는 우유를 공급하는 젖소의 사육 환경, 이런 모든 원료를 옮겨 주는 운송 시스템 등에 투자하는 것입니다. 당황스러운 도전이긴 하지만 위의 목록에 나와 있는 다섯 개 중 어떤 것이 여러분의 가치관에 부합하고 또 어떤 것이 부합하지 않는지 생각해 보면 도움이 됩니다. 여러분이 기준으로 삼은 요소 중 두 개를 지켜 가는 카페를 후원해 보고 싶나요? 아니면 그런 요소 세 가지를 만족시키는 카페를 찾아 나서야 할까요? 하나씩 차근차근 해 봅시다. 걷기도 전에 뛸 수는 없을 테니까요.

5단계 여러분이 속한 기관이나 단체를 여러분의 가치
관에 맞게 변화시킬 수 있을까요?

이쯤 되면 변화를 이끌어 내기 위한 기준이 되는 개
인적인 경험을 확보하게 되었을 것입니다. 학교나 종
교 시설이나 일터로 가서 책임자와 이야기를 나눠 봅시
다. 나의 가치관과 지금까지 해 온 노력, 경험을 공유해
봅시다. 상대방이 이야기하는 장애물과 우려에 귀를 기
울여 봅시다. 시간을 내준 데에 감사를 표합시다. 여러
분의 가치관, 지금까지 해 온 노력과 경험을 다시 한 번
정리해 후속 편지를 써 봅시다. 조직이나 단체에 함께
몸담고 있는 친구들과 이야기를 나눠 봅시다. 계속해서
여러분이 중요하게 여기는 가치에 대해 사람들에게 이
야기합시다. 시간과 인내심이 필요한 일이지만 사람들
과 그들이 몸담고 있는 기관들은 변할 수 있습니다(심지
어 정치인도요).

하지만 우리 각자는 지구에 살고 있는 80억 명 중 한
명일 뿐입니다. 우리가 각자 가치관을 바꾸는 것만으로
이 세상에 변화를 가져올 수 있을까요?

2. 우리가 만드는 변화

충분히 커다란 지렛대와 그 지렛대를 놓을 수 있는 땅만 준다면, 이 지구를 들어 올려 보이겠습니다.

아르키메데스(기원전 287?~212?)

지금으로부터 2000년도 더 전에 아르키메데스라는 이름으로 기억되는 한 사람은 자신이 지구를 움직일 수 있다고 주장했습니다. 충분히 큰 지렛대와 서 있을 곳만 있다면 말이지요. 그는 기하학과 질량, 힘에 대해 이야기한 것이지만 그가 한 말은 이 세상의 변화에도 적용됩니다. 에너지 사용과 관련해 뭔가 변화를 만들어 내려면 가장 큰 지렛대를 찾고, 서야 할 곳을 파악한 다음 있는 힘을 다해 밀어 올려야 합니다.

좋든 싫든 경제협력개발기구OECD 국가의 일원인 여러분은 이 책에서 이야기하는 문제와 관련해 세상에서 가장 큰 지렛대의 한 부분입니다. OECD 회원국 인구는 전 세계 인구의 6분의 1에 불과하지만, 이들이 전 세계 에너지의 3분의 1과 전 세계 전기의 절반을 사용하고 있고, 이산화탄소는 전체의 3분의 1을 배출하고 있으니까요. 이뿐 아니라 OECD 국가들은 전 세계 육류와 설탕의 3분의 1을 소비하고 있기도 합니다.

그중에서도 미국은 OECD 내에서 단연코 가장 큰 지렛대입니다. 인구에 있어 OECD 국가들의 4분의 1(전 세계의 4퍼센트)을 차지하는 미국은 OECD 전체 사용 에너지의 절반, OECD 전체 사용 전기의 3분의 1을 소비하며 OECD 국가 총 이산화탄소 배출량의 절반을 담당합니다. 미국은 OECD 회원국이 소비하는 전체 육류량의 3분의 1, 전체 설탕 소비량의 4분의 1을 먹어 치웁니다.

이 말은 미국이나 다른 OECD 국가의 시민들이 에너지 절약을 향해 한 발 내딛으면 전 세계 소비 규모에 대단한 영향을 미칠 수 있다는 의미입니다. 예를 하나 들어 볼까요.

여러 가지를 살펴본 결과 이산화탄소 배출 감소의 중요성을 확신하게 되었다고 가정해 봅시다. 그리고 집에서 쓰는 전기가 마을 건너편에 있는 석탄 화력 발전소에서 나온다는 사실을 알게 되었습니다. 우리가 쓰는 전체 에너지의 20퍼센트가 전기 형태이기 때문에 전자

제품 사용을 줄이기로 결심했다고 합시다. 구체적으로 어떻게 해야 할까요?

가장 좋은 출발점은 집에서 전기 사용과 관련해 가장 큰 '지렛대'가 무엇인지 확인하는 것입니다. 유럽연합에서는 모든 전자기기에 여러 에너지 효율 지표를 표시하는 'EPREL' 스티커를 붙여 판매합니다. 이때 찾아봐야 할 것은 'kWh/annum'이라는 단위와 함께 등장하는 숫자인데, 이는 5인 가구에서 이 기기를 1년 동안 사용할 때의 예상 전력량입니다(한국의 경우, 제품의 에너지 소비 효율이나 사용량 등에 따라 1~5등급으로 구분하여 표시하는 '에너지효율 등급제도'를 사용합니다. 숫자가 낮을수록 에너지 소비 효율이 높은 제품이지요 - 옮긴이). 제조업체와 모델 간에 이 수치를 비교함으로써 EU 국가의 시민들은 에너지 사용 수준을 선택하고 통제할 수 있습니다. 제너럴 일렉트릭 같은 몇몇 미국 회사는 냉동고 및 냉장고 등 일부 제품에 대해 이와 비슷하게 연간 전력 사용량 추정치를 제공합니다. 더 많은 회사들이 이런 정보를 공개하도록 시민들이 영향력을 행사할 수 있을 것입니다.

전 세계 대부분의 가정과 아파트에서 가장 많은 에너지를 사용하는 것은 단연 전기 온수 장치입니다. 일반적으로 가정용 전기의 약 절반이 물을 뜨겁게 데우는 데 사용됩니다. 200리터 용량의 온수기 대신 100리터 온수기로 바꾸고 빨래, 설거지, 샤워를 할 때 물 온도를 조금 낮추거나 찬물을 사용할 수 있다면 온수 관련 전기 사용을 절반으로 줄일 수 있습니다. 이를 통해 가정에서 사용하는 전체 전력량을 4분의 1정도 줄일 수 있습니다.

그다음으로 중요한 지렛대는 넓은 공간을 따뜻하게 덥히거나 시원하게 만드는 난방기와 에어컨 장치입니다. 이 둘을 합치면 전체 전력량의 3분의 1 정도를 차지할 것입니다. 추운 날 실내 온도가 좀 낮아도 견딜 수 있고 더운 날 온도가 좀 높아도 참을 수 있다면 에너지를 상당 부분 절약할 수 있습니다. 이 두 장치 중 에어컨이 에너지를 더 많이 소비합니다. 공간을 시원하게 할 때에는 방 안의 더운 공기를 훨씬 더 뜨거운 외부로 배출해야 하는데 공기가 물리학의 엔트로피 법칙에 반해서 움직이다 보니 더 많은 에너지를 쓰게 됩니다. 어떤 공간에서 동일한 정도의 온도 변화를 만들어 내야 할 때, 에어컨 장치는 히터보다 약 두 배 많은 전기를 사용합니다. 에어컨 없이 지내는 날을 조금 더 늘릴

부록 지구의 풍요를 위하여

수 있을까요? 겨울에 난방 온도를 얼마나 낮출 수 있을까요? 벽난로와 선풍기를 사용한다면 이론적으로는 난방과 냉방이라는 지렛대의 사용을 거의 중단할 수 있습니다. 여기까지 해서 전체 전력 사용량을 60퍼센트까지 줄였습니다.

그다음으로 에너지를 많이 사용하는 것은 의류 건조기, 스토브, 식기세척기, 냉장고·냉동고처럼 작은 공간을 덥히거나 시원하게 만드는 물건들입니다. 관련 가전제품 사용량을 모두 합치면 가정에서 사용하는 전체 전력량의 약 15퍼센트를 차지합니다. 관련 장치들을 덜 사용하거나 사용 온도를 조정할 수 있을까요? 물론 이런 기기들이 엄청난 에너지를 소비하는 것은 아니지만 사소한 것도 다 모으면 상당한 양을 차지하게 되지요.

아이러니하게도 텔레비전과 컴퓨터, 집 안을 밝혀 주는 조명처럼 사용하지 않을 때 신경 써서 꺼 두는 것들은 전체 전기 사용량에 큰 영향을 주지는 않습니다. 60와트짜리 전등을 1년 동안 24시간 내내 켜 둘 경우의 전력량은 전기 스토브를 가끔 작동시킬 때의 전력량과 비슷합니다. 나 같은 게으름뱅이에게는 반갑지 않은 소식이지만, 진공청소기 역시 약한 지렛대라고 할 수 있습니다. 매주 한 번씩 진공청소기를 사용하는 대신 한 달에 한 번씩 사용한다고 해도 1년 동안 사용하는 전체 전력량 1퍼센트의 3분의 1도 줄이지 못합니다.

그럼에도 불구하고 이런 모든 변화를 만들어 낸다면 집에서 사용하는 모든 전력을 70퍼센트 가까이 줄일 수 있습니다. OECD 국가들의 평균 사용량(연간 10메가와트시)에서 내가 계속해서 이야기했던 1965년 스위스의 평균 사용량 정도로 줄어드는 것이지요. 만일 OECD 국가 13억 명이 이와 비슷한 희생을 감내한다면, 전 세계 전력 사용량의 25퍼센트를 줄이고 화석 연료 사용량과 이산화탄소 배출량 역시 줄일 수 있습니다.

어쩌면 전기 절약 문제에 관심이 없을 수도 있습니다. 육류 섭취, 음식물 쓰레기, 자동차 통근, 항공 여행, 살충제 사용 등에 더 관심이 갈 수도 있습니다. 어떤 사명을 선택하든 상관없이, 우리 각자의 집에서 시작해 점점 더 확대해 나갈 수 있습니다. 그 결과 정말 놀라운 일이 일어날 거라고, 여러분에게 장담할 수 있습니다.

* * *

위에서 이야기한 것들이 불가능한 임무처럼 보일지

모르지만 결핵 퇴치나, 인간을 달에 보내는 것이나, 중국 대륙을 가로질러 만리장성을 쌓는 일이나, 모든 사람이 평등하다는 원칙을 바탕으로 나라를 세우는 일이나, 지도에 나와 있지 않은 땅을 찾아 낯선 바다를 항해하는 것 모두 처음에는 불가능해 보였습니다. 때로는 자랑스럽고 때로는 부끄러운 방식으로 이런 일들에 도전해 성공한 이야기가 역사에 남아 있습니다. 그런 도전 모두 처음에는 이상하고 불가능해 보였다는 사실을 기억해야 할 것입니다.

우리는 수백 년 전 악습을 고치고 과감하게 도전하고 무언가를 건설하고 만들어 낸 사람들만큼이나 고귀하고, 허약하고, 결함이 있으며, 창의적입니다. 그들처럼 우리에게도 오직 네 가지 자원만 주어져 있습니다. 땅, 바다, 하늘, 그리고 우리 서로 말이지요. 우리는 우리가 실패할 가능성을 과대평가하지 않는 것처럼, 성공을 거둘 수 있는 우리의 능력을 과소평가해서도 안 될 것입니다.

3. 환경과 관련한 사실들

1969년 이후 전 세계적으로

··· 인구는 두 배가 되었고

··· 유아 사망률은 절반으로 줄어들었으며

··· 평균 기대 수명은 12년 늘어났고

··· 47개 도시가 1000만 명이 넘는 인구를 자랑하게
되었고

··· 곡물 생산량이 세 배로 증가했고

··· 제곱미터당 수확할 수 있는 작물의 양이 두 배
이상으로 늘어났으며

··· 농사를 위해 경작하는 토지 면적이 10퍼센트 증
가했고

··· 육류 생산량이 세 배로 늘었고

··· 연간 도살되는 가축의 수가 돼지는 세 배, 닭은
여섯 배가 되었고 소는 50퍼센트 이상 증가했
으며

··· 해산물 소비는 세 배로 늘었고

- 바다에서 잡아들이는 물고기의 수는 두 배가 되었고
- 양식업의 등장으로 오늘날 먹는 모든 해산물의 절반이 양식을 통해 생산되며
- 해조류 생산량은 열 배로 증가했는데 그 절반은 하이드로콜로이드 식품 첨가물 형태로 섭취되고 있으며
- 정백당 소비는 거의 세 배로 증가했고
- 인간이 매일 만들어 내는 폐기물은 두 배 이상으로 늘어났으며
- 버려지는 음식물 쓰레기가 크게 늘어나 전 세계 영양 부족 상태에 놓인 사람들에게 필요한 식량의 양에 맞먹는 상태이고
- 사람들이 매일 사용하는 에너지의 양은 세 배로 늘었고
- 사람들이 매일 사용하는 전력의 양은 네 배로 증가했으며
- 지구상 인구의 20퍼센트가 전 세계에서 생산되는 전력의 절반 이상을 사용하게 되었고
- 전기의 도움을 받지 못하고 사는 전 세계 인구가

10억 명으로 늘어났으며

- 비행기 승객은 열 배로 늘어난 데 비해 철도 여행자의 이동 거리는 줄어들었고
- 매년 자동차 이동 거리는 두 배 이상으로 늘어났고 지구상에 10억여 대의 자동차가 존재하며
- 전 세계 화석 연료 사용은 세 배 정도로 늘었고
- 석탄과 석유 사용은 두 배, 천연가스 사용량은 세 배로 늘었으며
- 바이오 연료의 발명으로 전 세계 곡물 생산량의 20퍼센트는 이를 생산하는 데 사용되고
- 플라스틱 생산량은 열 배로 늘어났고
- 새로운 플라스틱 생산이 늘어나 매년 화석 연료의 10퍼센트를 사용하게 되었으며
- 수력 발전으로 만들어지는 전기의 비중은 역대 가장 낮은 수준인 전체 전력의 15퍼센트 미만으로 떨어졌고
- 원자력 발전으로 만들어지는 전기의 비중은 가장 높은 수준인 6퍼센트,
- 풍력과 태양력 발전에 의한 전기는 매년 만들어지는 전기의 5퍼센트 수준으로 상승했으며

- 화석 연료 사용으로 인해 매년 1조 톤의 이산화탄소가 대기 중으로 방출되고
- 지구 표면의 평균 온도는 화씨 1도(섭씨 0.6도)가량 상승했으며
- 세계 평균 해수면은 10센티미터가량 상승했는데, 그 절반 정도는 산맥의 빙하와 극지방의 얼음이 녹아내린 것이고
- 모든 양서류 및 새와 나비 종의 절반 이상에서, 모든 어류와 식물 종의 4분의 1에서 개체수 감소가 일어났다.

4. 출처와 더 읽을거리

이 책을 다 읽고 나서 독자들은 저자가 가금류의 사료 전환율, 매니토바주 청소년 하키 게임의 개최 시기, 인간이 자는 동안 만들어지는 오줌의 양과 기타 다른 것들에 대해 어디서 자료와 정보를 구했을지 궁금해할지도 모르겠습니다. 놀랍게도 찾아보기만 한다면 자료들은 어디에나 있습니다! 이 책을 쓰기 위해 자료 조사를 하면서 나는 거의 **모든 것**에 관한 데이터베이스가 존재하고, 더 열심히 찾을수록 검색에 더 능숙해진다는 기쁜 사실을 발견했습니다. 그래서 이 책을 마치기 전, 내가 책을 쓰는 동안 찾아낸 여러 가지 자료는 물론이고 여러분이 직접 연구할 때 도움이 될 몇 가지를 공유하고 싶습니다.

이 책에 소개한 여러 가지 문제에 관해 수업 시간에 이야기하기 위해 오랫동안 월드워치 연구소Worldwatch Institute의 간행물인 〈바이탈 사인Vital Signs〉(특별히 19, 20, 21, 22호)에 의지했습니다. 이 잡지는 "우리의 미래를 만드는 트렌드The Trends That Are Shaping Our Future"를 모토로 하는 압축된 형태의 가이드로, 지구의 미래가 어떻게 될 것인지는 물론 지구의 과거에 관심 있는 사람들에게 소중한 읽을거리가 될 것입니다. 그리고 이산화탄소를 넘어 온

실가스 전반에 관해 특별히 관심 있는 과학자들과 사업가들의 비영리 단체인 프로젝트 드로다운Project Drawdown을 비롯한 다양한 기관이 대중을 위해 기후변화를 연구하고 있습니다.

　여기서 소개한 수치들과 계산을 위해 사용한 수치들은 미국 및 전 세계의 공공 자료와 보고서에서 가져왔습니다. 유엔 소속 기구들, 즉 인구국Population Division, 통계국Statistics Division, 경제사회국Department of Economic and Social Affairs, 수산국Fisheries and Aquaculture, 인간정주계획Human Settlements Program, 난민기구Refugee Agency, 세계행복협의회Global Happiness Council는 물론 유네스코 Educational, Scientific and Cultural Organization, 식량농업기구Food and Agriculture Organization, 유니세프International Children's Emergency Fund, 세계보건기구World Health Organization 등의 다양한 곳에서 모아 놓은 데이터를 광범위하게 사용했습니다. 또한 "Fish to 2030: Prospects for Fisheries and Aquaculture", "2018 Revision of World Urbanization Prospects", "Frequently Asked Questions of Climate Change and Disaster Displacement", "Food Outlook"(2018), "OECD-FAO Agricultural Outlook 2018-2027", "A Guide to the Seaweed Industry" 등의 유엔 보고서도 참고했습니다.

　국제항공기구International Civil Aviation Organization, 국제해양탐사협의회International Council for the Exploration of the Sea, 국제에너지기구International Energy Association, 경제협력개발기구Organisation for

Economic Co-operation and Development, 수력발전협회National Hydropower Agency, 어업개발기구Organization for the Development of Fisheries, 경제복잡성관측소Observatory of Economic Complexity, 국제자동차제조사협회International Organization of Motor Vehicle Manufacturers, 국제전분연구소International Starch Institute, 국제철도연합International Union of Railways 등 다른 국제기구에서 발표한 자료들도 사용했습니다. 국제에너지기구는 "World Energy Outlook"이라는 유용한 보고서를 발간했고 천연자원보호위원회Natural Resources Defense Council 는 "Wasted: How America is Losing up to 40percent of Its Food from Farm to Fork to Landfill"(2012)이라는 자세한 보고서를 발행했습니다. 세계에너지감시 Global Energy Observatory와 갭마인더(gapminder.org) 그리고 세계은행 역시 여러 자료를 발표하고 있습니다. 여기에 더해 국제적인 자료를 제공하는 민간 기업 네 곳이 있습니다. 에너지 사용에 관한 자료를 발표하는 브리티시 페트롤리엄 글로벌British Petroleum Global, 전 세계 콘크리트 댐에 관한 수치를 보유하고 있는 맬컴 던스턴Malcolm Dunstan and Associates, 플라스틱 제조업체의 모임인 플라스틱유럽PlasticsEurope, 가전제품 효율에 관한 자료를 소개하는 북유럽 중심의 전자제품 유통업체 엘기간텐Elgiganten입니다.

기후변화에 관한 정부간 협의체는 1990년, 1992년(부록), 1995년, 2001년, 2007년, 2014년에 보고서를 발행했습니다.

선별된 주제에 관한 특별 보고서는 2000년("Emissions Scenarios"), 2012년("Renewable Energy Sources and Climate Change Mitigation", "Managing the Risks of Extreme Events and Disasters to Advance Climate Change Adaptation"), 2018년("Global Warming of 1.5°C"), 2019년("Climate Change and Land"와 "The Ocean and Cryosphere in a Changing Climate")에 발행되었는데, 여기 소개된 내용이 책을 위한 자료 조사에 유용했습니다.

이 책에 등장하는 많은 사례는 내가 태어난 미국에서 가져왔습니다. 책에 소개한 여러 가지 계산을 위한 자료는 농업통계청 National Agricultural Stastics Service, 농업총조사 Census of Agriculture, 경제조사국 Economic Research Service, 영양정책진흥센터 Center for Nutrition Policy and Promotion뿐 아니라 1935년부터 지금까지 진행한 전미식품조사 Nationwide Food Survey 등 미국 농무부 여러 부서의 자료에서 가져왔습니다. 미국의 데이터를 제공한 다른 연방 기관으로는 인구조사국 National Census, 국립공원관리청 National Park Service, 국립공문서관 Federal Register of the National Archives, 중앙정보국 Central Intelligence Agency, 에너지정보청 Energy Information Administration, 미항공우주국 National Aeronautics and Space Administration, 지질조사국 Geological Survey, 국립농업도서관 National Agricultural Library, 보건통계청 National Center for Health Statistics, 미국석유협회 American Petroleum Institute, 국무부 역사사무국 Office of the Historian 등이 있습니다.

미국 과학·공학·의학 아카데미National Academies of Science, Engineering, and Medicine에서 펴낸 보고서 "Resources and Man: A Study and Recommendations"(1969), "Safety of Genetically Engineered Foods: Approaches to Assessing Unintended Health Effects"(2004) 두 편의 도움도 받았습니다. 미국 환경보호국EPA 은 "Pesticide Industry Sales and Usage: 2008-2012 Market Estimate"(2017), "Municipal Solid Waste Generation, Recycling, and Disposal in the United States: Facts and Figures for 2012", "Light-Duty Automotive Technology, Carbon Dioxide Emissions, and Fuel Economy Trends: 1975 Through 2017", "U.S. Households' Demand for Convenience Foods", "Sugar and Sweetener Report"(1976), "Sugar and Sweeteners Yearbook" 등을 포함한 일련의 의미 있는 보고서를 간행했습니다. 또한 미국 농무부의 보고서 "Family Food Consumption and Dietary Levels for Five Regions"(1941)와 보건복지부의 "2015-2020 Dietary Guidelines for America"(8판)도 참고했습니다.

각 주와 시의 특정 자료는 필라델피아시, 아이오와 주립대학교, 미시간주 고속도로관리부, 미네소타역사협회, 세인트폴시 공공사업부를 통해 확인했습니다.

다양한 데이터를 구하는 일에 지금 내가 살고 있는 노르웨이의 각종 기관과 단체가 큰 도움을 주었습니다. 통계청, 수산업해

안행정부, 석유에너지프로그램, 노르웨이 통산산업어업부에 소속된 모든 부서의 자료를 참고했습니다. 노르웨이 수산물위원회Norwegian Seafood Federation의 "Aquaculture in Norway"와, norsk-petroleum.no에서 진행한 "Norway's Petroleum History", 노르웨이 기후서비스센터Norwegian Centre for Climate Services의 보고서 "Sea Level Change for Norway: Pat and Present Observation and Projections to 2100", 노르웨이 환경청의 보고서 "The Impacts of 1.5°C: A Science Briefing"이 도움이 되었습니다.

이 책에 등장한 많은 이야기는 PR 뉴스와이어, 로이터 및 미국 농무부 보도자료를 통해 확인했습니다. 정기간행물 중 몇몇 기사도 이런 목적으로 사용했습니다. 중요한 기사는 〈뉴욕 타임스〉를 참고했으며, 이외에 〈애틀랜틱〉, 공익과학센터, CNN, 〈포브스〉, 〈미네아폴리스 스타 트리뷴〉, 〈내셔널 지오그래픽〉, 〈내셔널 리뷰〉, 〈퍼시픽 스탠더드〉, 〈사이언티픽 아메리칸〉, 〈스미소니언〉, 〈배니티 페어〉, 〈워싱턴 포스트〉 등도 참고했습니다.

이 책을 위해 자료를 조사하는 동안 여기에 다 포함시키기에는 너무 많은 방대한 과학 문헌 자료를 모았습니다. 다음 학자들의 여러 연구에 도움을 받았음을 이야기하고 싶습니다. 조너선 뱀버, 찰스 벤브룩, 미뇽 더피, 케리 이매뉴얼, 존 하트, 레이 힐번, 아르엔 Y. 회크스트라, 스베틀라나 에브레예바, 마티 쿠무, 팀 렌턴, 다이애나 리버먼, 캐서린 메이어, 스튜어트 핌, 배리 팝킨,

로베르토 E. 레이스, 데이비드 로이, 윌리엄 슐레진저, 칼 슐로스너, 데이비드 틸먼, 그리고 데이비드 본. 이 중에서 꼭 읽어야 할 두 연구를 골라야만 한다면 다음 두 가지를 들 수 있습니다.

1. New, Mark George, Diana Liverman, Heike Schroeder, Kevin Anderson. "Four Degrees and Beyond: The Potential for a Global Temperature Increase of Four Degrees and Its Implications. Philosophical Transactions of the Royal Society A: Mathematical, Physical and Engineering Sciences 369, no. 1934 (2011): 6 – 19.
2. Vaughan, Naomi E, and Timothy M. Lenton. "A Review of Climate Change 109, nos. 3 – 4(2011): 745 – 90.

잘못된 데이터로 고생할지도 모르는 독자를 위해 해외와 미국 데이터를 꼼꼼하게 살펴 추려 낼 수 있도록, 각종 소스를 모아 놓은 곳들을 추천하려고 합니다. 이런 데이터베이스가 내년, 혹은 다음 주에도 계속 존재한다는 보장이 없기에 관심이 있다면 연구를 미루지 말라고 요청하고 싶습니다. 여기 적절한 사례가 있습니다. 2010년 이후 미국 환경보호국은 "Climate Change Indicators in the United States"라는 제목의 보고서를 2년마다 발표하고 있습니다. 2010년, 2012년, 2014년, 2016년 보고서는 소중한 공공 자원으로, 일반인이 명쾌하고 정확하게 이해할 수 있도록 최신 연구 결과들을 분석해 멋진 그래픽과 함께 설명해 줍니다. 2018년과 2020년에는 보고서를 발행하지 않았는데 이와 관련한 아무런 설명도 없었습니다. 정부의 리더십과 우선순위가 변경됨에 따라 공개하기로 선택한 데이터의 양과 내용에도 변화가 생겼습니다.

이 책을 쓰며 세계은행이 운영하는 공개 데이터 사이트(data.worldbank.org)에서 유엔인구국UNPD, 유니세프UNICEF, 세계보건기구WHO, 유네스코UNESCO, 개발학연구소IDS, 경제협력개발기구OECD 등에서 수집한 인구, 건강, 경제, 교육, 개발 관련 자료를 살펴보고 다운로드 할 수 있었습니다. 유엔의 국제식량기구FAO는 전 세계 모든 국가의 농작물과 가축을 비롯한 식량 생산과 소비를 알 수 있는 농업 관련 데이터 파일을 다운로드 할 수 있는 공개 데이터 사이트 FAOSTAT(fao.org/faostat)를 운영하고 있습니다.

내가 사는 지역이 어떤 종류의 발전소에서 전력을 공급받는지 확인해 보려면 국제에너지기구가 발전소 스케줄을 정리해 놓은 포괄적이고 광범위한 목록(eia.gov/electricity/data/eia923)을 살펴보면 됩니다. 브리티시 페트롤리엄 글로벌은 전기 사용을 재생에너지와 비재생에너지로 구분한 것은 물론 나라별로 석유, 석탄, 가스의 사용과 생산, 보유를 구분해 놓은 데이터베이스

(bp.com/en/global/corporate/energy-economics/statistical-review-of-world-energy.html)를 운영하고 있습니다. 각국의 연간 수입과 수출에 관한 폭넓은 이해를 얻으려면 경제복잡성관측소 사이트(oec.world/en/profile/country/usa)를 추천합니다. OECD 자료국은 사이트(data.oecd.org)를 통해 OECD 국가 및 기타 여러 국가의 승객과 화물 운송 동향을 확인하고 비교할 수 있게 해 줍니다. 자동차제조사협회 웹사이트(oica.net)에서는 전 세계 자동차와 다른 운송 수단의 제조 및 판매에 관한 자료를 다운로드 할 수 있습니다.

미국 농무부의 농업통계청 웹사이트(quickstats.nass.usda.gov)에서는 미국 전역을 지역, 주, 분수계, 카운티, 우편번호 등에 따라 구분해 놓아서 해당 지역의 모든 식물과 동물의 수확량이나 산출량을 찾아볼 수 있고, 농업총조사 웹사이트(nass.usda.gov/AgCensus/index.php)는 미국 농가의 규모와 상태, 수익 구조를 설명하는 데이터를 제공합니다. 미국 농무부는 전 세계 모든 나라의 1차 생산품을 수입과 수출 관점에서 소개해 주는 해외농업서비스(apps.fas.usda.gov/psdonline/app/index.html#/app/home)를 제공하고 있습니다. 질병통제예방센터 산하의 국립보건통계센터(cdc.gov/nchs/pressroom/calendar/pub_archive.htm)는 2009년부터 2018년 사이 미국인들의 음식 섭취에 관한 수많은 데이터를 보유하고 있고, 더 오래된 데이터에 접근하는 방법도 알려 줍니다. 마지막으로 미국 인구조사국(census.gov/programs-surveys/decennial-census/decade.2010.

html)은 주거 패턴과 직업별 급여, 통근 시간 등 다양한 항목으로 미국의 인구 조사와 인구통계학적 연구를 실시합니다.

이 책을 쓸 때 몇 가지 선택을 해야 했는데, 그 선택은 내가 해 온 이야기에 영향을 주었습니다. 대부분의 경우 전 세계의 데이터를 다루었는데, 이는 세계적인 차원에서 현재 나타나고 있는 추세를 이야기하고 싶었기 때문입니다. 불행하게도 어떤 데이터는 충분하지 않았습니다. 전 세계 에너지 상황과 관련해 다양한 이야기를 했는데, 전 세계 200여 국가 중 20개국에 대해서는 그 어떤 자료도 얻을 수 없었습니다. 이 20개 나라의 공통점은 우선 아프리카 사하라 사막 남쪽에 위치한다는 것이고, 둘째로 1인당 국민소득이 전 세계 평균의 10퍼센트에도 미치지 못하는 가난한 나라라는 점입니다. 이런 나라는 다른 나라에 비해 상대적으로 적은 에너지를 사용한다고 추측할 수 있는데, (2019년 이후 한동안은) 이 국가들의 인구를 다 더하면 2억 6000만 명에 이를 것을 기억해야 합니다. 이는 독일, 프랑스, 스페인, 영국 인구를 합한 것보다 많습니다.

지난 50년간의 추세와 관련해 여성의 경험에 초점을 맞춘 사례들을 많이 소개했습니다. 그 이유는 명확합니다. 산모 사망률은 여성의 통계에만 적용되기 때문입니다. 이 문제에는 훨씬 더 복잡한 의미가 있습니다. 나는 이 주제를 이야기하며 여성이자 어머니로서 내 개인적인 경험을 반영해 성별 간 격차가 어떻게 인구 증가와 연관되는지 살펴보았습니다.

분석을 위해 몇몇 국가를 선정했는데 에너지와 옥수수, 육류, 설탕의 엄청난 생산량과 폐기물의 발생이라는 측면에서 미국 이야기를 했고, 어업의 빠른 진화와 관련해서는 노르웨이를, 토착 생물종의 계속되는 유실이라는 점에서는 브라질의 이야기를 소개했습니다. 주권이 있는 독립 국가는 단일한 경제 체제와 사법 체제를 가지고 있기에 국가별로 전 세계 데이터를 정리했습니다. 예를 들어, 브라질은 삼림이 가장 넓은 국가는 아니고(이는 러시아입니다) 삼림이 가장 빠르게 감소하는 나라도 아닙니다(그 나라는 인도네시아입니다). 그러나 브라질은 단일 정부의 권한하에 가장 광범위하게 삼림 잠식이 일어나는 나라입니다. 브라질의 사법적 또는 경제적 변화는 삼림 지대와 관련한 전 세계 추세에 엄청난 영향을 미치기에, 브라질은 전 세계 삼림 벌채에 관한 많은 논의에서 중요한 위치를 차지합니다.

한 나라가 단일한 경제 및 사법 체제로 운영된다는 사실은 전 세계 자료를 국가별로 나눠 살펴볼 때 문제가 되기도 합니다. 8장('설탕 만들기')과 관련한 자료를 조사하는 동안 데이터에서 미국의 흑인과 백인 간에 상당한 차이가 드러났습니다. 예를 들어 1936년 미국 농무부에 따르면 남동부에 속한 주의 설탕 사용량을 보면, '흑인 가정'의 경우 같은 지역 '백인 농장 운영주 가구' 사용량의 70퍼센트 정도였습니다. 70년이 지난 2006년, 국립보건통계센터는 흑인 성인이 당분이 든 음료 형태로 백인 성인에 비해 두 배가 넘는 설탕을 소비한다고 밝혔습니다. 이와 비슷하게, 미국 여성 취업의 일반적인 역사는 유색 인종 여성의 역사와는 다릅니다. 1976년에서 1998년 사이에 집 밖에서 일을 하는 어머니의 비율은 30퍼센트에서 60퍼센트로 두 배 증가했는데, 집 밖에서 일을 하는 유색 인종인 미혼 여성(대부분 어머니)의 비율은 지난 100년 동안 60퍼센트 아래로 내려간 적이 없습니다. 설탕 소비나 여성의 노동 참여와 관련된 미국 내 추세는 지난 수십 년간 인종에 따라 각기 다르게 나타났습니다.

철학자 호세 오르테가 이 가세트는 1923년에 "정의定義란 배제와 부인을 위한 행위다"라고 말했습니다. 평균적인 추세에 관한 어떤 논의는 많은 사람들의 경험과 어긋나는 그림을 만들어 내며, 몇몇 사람의 이야기만 선별적으로 포함합니다. 각각의 국가와 그곳에 사는 사람들을 집중적으로 분석해 본다면 내가 지금 이 책에서 소개한 것보다 더 충만하고 섬세한 이야기를 구성할 수 있을 것입니다.

마지막으로 내가 해당 분야의 전문 용어와 역사와 특정 기제에 관해 이해할 수 있도록 이 책의 각 부분을 읽고 도움을 준 수많은 농부, 농장주, 삼림 노동자, 어부, 영양학자, 사업가, 공장 노동자, 과학자, 엔지니어에게 감사를 표하고 싶습니다. 그중 코리 아르헤스, 엘레나 베넷, 클린트 콘래드, 브랜다 데비, 맷 도메

이어, 앤디 엘비, 피에르 클라이버, 모지스 밀라조, 매튜 밀러, 폴 리차드, 아돌프 슈미트, 레이다르 트뢴네스의 관대한 지원에 특별한 감사를 표합니다.

이 책을 작업하는 동안 소중한 사람들의 격려와 지원을 받았습니다. 가장 중요한 역할을 해 준 것은 젊은 독자 연령에 해당하는 두 소녀였습니다. 그들은 친절하게도 《나는 풍요로웠고, 지구는 달라졌다The Story of More》를 읽고 자신의 관점에서 어떤 부분이 더(또는 덜) 흥미로웠는지에 대한 의견을 주었습니다. 그런 피드백이 내가 초고를 수정하면서 따랐던 나침반이 되었습니다. 두 사람의 이름은 노라 올리와 웨이벌리 반 뷰런입니다. 이 책을 쓰는 동안 티나 베넷에게 수없이 의지했고 그녀의 통찰력과 경험이 큰 도움이 되었습니다. 빈티지 북스의 담당 편집자 루앤 월서는 나를 있는 그대로 수용해 주어서(아이오와 스타일이지요), 정말 감사한 마음입니다. 사려 깊은 답변과 주의 깊은 시각을 지닌 로빈 데서와 어설라 도일은 내가 많이 의지했던 여성들입니다. 모든 저자에게는 초고를 읽어 주고 가장 잘할 수 있는 방향으로 이끌어 줄 믿음직한 친구가 있어야 합니다. 나에게 그 사람은 스베틀라나 카츠였습니다. 35년 전, 코니 루먼과 나는 나란히 앉아 같은 칠판을 바라보며 문법과 속기를 배웠습니다. 그 두 소녀가 자라서 여전히 자매처럼 좋은 친구로 지내며 문장을 분석하게 될지 누가 알았을까요? 에이드리언 니콜 라블랑은 글쓰기에 대한 조언을 준 것은 물론 저자로서의 지혜와 경험을 아낌없이 공유해 주었습니다.

이 프로젝트에서 나를 특히 격려해 주었지만 완성되는 것을 보지 못한 두 사람이 있습니다. 프레드 두에네비어 교수와 프리츠 프리첼 목사는 이 책의 중요성과 필요성을 계속 각인시켜 주었고, 저자인 나에 대한 믿음을 보여 주었습니다. 이 두 분을 잃은 상실감은 너무나 크고, 두 분을 따랐던 것에 대한 자부심도 큽니다. 또한 다음 책은 언제 나오느냐고 물어봐 준 모든 사람, 특히 호놀룰루 루터 교회의 많은 분들에게 큰 빚을 졌습니다. 그분들의 관심 덕에 내가 가장 좋아하는 일에 집중할 수 있었고 이 일을 '업'이라고 부르기까지 할 수 있었습니다. 감사하다는 말로는 충분치 않을 것입니다. 마지막으로 오슬로의 블린데른베인 거리와 아팔베인 거리가 만나는 코너에 있는 전기 배선함에 이런 낙서를 해 놓은 누군가에게 고마운 마음을 전합니다. "우리는 보이지 않는 신을 경배하고 눈에 보이는 자연은 학살해 버린다. 우리가 학살하는 자연이 사실은 우리가 경배하는 보이지 않는 신인 것을 모르고."

THE·STORY·OF·MORE